城乡规划通识启蒙类著作导读

编委会
编著 单卓然 袁 满 黄亚平
委员 刘安子 潘浩澜 吴 哲 敬丽莉 严明瑞 朱鸣洲 朱俊青
安月辉 夏洋辉 曹海峰 刘承楷 刘 彧 张馨月 游丽霞

城市意象
城记
村经济
城市的胜利

U0278541

華中科技大學出版社
http://www.hustp.com
中国·武汉

图书在版编目（CIP）数据

城乡规划通识启蒙类著作导读 / 单卓然，袁满，黄亚平编著 . — 武汉：华中科技大学出版社，2022.2

ISBN 978-7-5680-8075-0

Ⅰ . ①城…　Ⅱ . ①单…　②袁…　③黄…　Ⅲ . ①城乡规划—著作—介绍—世界　Ⅳ . ① TU98

中国版本图书馆 CIP 数据核字 (2022) 第 071757 号

城乡规划通识启蒙类著作导读　　单卓然 袁满 黄亚平　编著

Chengxiang Guihua Tongshi Qimenglei Zhuzuo Daodu

责任编辑：易彩萍

版式设计：金　金

责任监印：朱　玢

出版发行：华中科技大学出版社（中国·武汉）　　电　话：（027）81321913

武汉市东湖新技术开发区华工科技园　　邮　编：430223

录　排：华中科技大学惠友文印中心

印　刷：武汉科源印刷设计有限公司

开　本：889mm×1194mm　1/16

印　张：11

字　数：358 千字

版　次：2022 年 2 月第 1 版第 1 次印刷

定　价：49.80 元

本书若有印装质量问题，请向出版社营销中心调换

全国免费服务热线 400-6679-118 竭诚为您服务

版权所有 侵权必究

前 言

城乡规划是一门综合性很强的学科，广泛的文献涉猎乃获取多源知识的重要途径。然而对不少读者来说，完整地阅毕一部著作绝非易事。有时，字斟句酌地阅读容易丢掉整体逻辑，间断接续地浏览往往会缺失全局视野。有时，深奥难懂的专业名词、数理公式抬高了理解难度。更常情况下，几十万字的长卷篇幅足以“劝退”许多人。正因如此，“导读”发挥的经典引介、全景概述、重点提炼、信息延伸和拓展受众等作用愈发受到重视。

系统性的理论积累，讲究区分阶段、循序渐进。笔者在教学改革和实践中发现：低年级的学子，忙碌于育人、科研、设计服务而无暇阅读的规划师们，以及兴趣驱动的“外行”读者，都渴望找寻一套具有通识启蒙特点的城乡规划著作导览刊物。这也是该项工作秉承的初衷。

本书的编写历时两年，在充分吸收了伊利诺伊大学张庭伟教授“百年西方城市规划著作导读”、同济大学孙施文教授“城市规划入门书目：基础·提升·高级”等课程推介经验的基础上，首先介绍著作的要素与格式、阅读技巧与方法，其次梳理城乡规划著作的发展历程，建构了现代城市规划诞生以来西方规划代表性著作名录、2015年至今中国城乡规划代表性著作名录，解析其关注点的变迁脉络。然后，阐述了通识启蒙类著作的精选原则。进而，依次剖析了《城市意象》《美国大城市的死与生》《城记》《城市和区域规划》《明日的田园城市》《街道的美学》《江村经济》《设计结合自然》《芝加哥规划》《城市的胜利》等十部著作。以期用篇幅简洁、通俗易懂的语言，向公众传递著作的历史背景、作者生平、核心内容、学术思想、后世影响、重难点释义等信息。为提升读者观感，对原著的诸多图片进行了更加清晰的重（改）绘。编委会一致认同，导读不能完全替代原著的论证推理，原著里蕴含着作者更丰富、更真实的情感意图，优秀的导引应为原著的有益辅助和补充。

本书并未囊括编著团队的所有成果。考虑到篇幅和出版要求，预将余下内容另立新册，此外打算围绕专题专项、理论进阶类著作展开探索。我们已着手落实上述构想，期待与更多出版社、志同道合的学者们精诚合作。由于时间与学识水平有限，书中难免存在不足和疏漏之处，恳请读者批评指正。

单卓然

华中科技大学

2021年12月

目录

第1章

著作构成要素

1.1 封面

封面是图书的外包装，广义的封面包括封一（即狭义的封面）、封四、书脊三部分。按照法定要求，封一上应刊登书名、著（编、译）者名、出版者名；封四上应刊登条形码、定价、国际标准书号，还可同时刊登责任编辑、封面设计者、版式设计者等多项内容。封面的作用是美化书刊和保护书心，同时还便于在图书馆等寻找书刊。

1.2 扉页

扉页即图书主书名页，应提供书名、著作责任者、出版者等信息，位于单数页码面。有些书刊将衬纸和扉页印在一起装订（即筒子页）称为扉衬页。

扉页的作用首先是补充书名、著作责任者、出版者等信息，其次是装饰图书以增加美感。制作书本时，经常用半透明的纸或其他特殊的纸做扉页，通过与传统书籍装订方式相结合，增强出版物的典雅之感。

1.3 内容提要

内容提要（图 1-1）一般印在图书封二上端、版权页上或扉页后面，也可放在封底页上，有护封的可放在飘口上，有勒口的可放在勒口上。

内容提要是提供图书内容梗概，不加评论和补充解释，简明、确切地记述图书重要内容的短文。其基本要素包括研究目的、方法、结果和结论，具体地讲就是该书研究的主要对象和范围，采用的手段和方法，得出的结果和重要的结论，有时也包括具有情报价值的其他重要信息，一般采用第三人称叙述方式。

本书系统地阐述了城乡规划的基本原理、规划设计的原则和方法，以及规划设计的经济问题。主要内容分22章叙述，包括城市与城市化、城市规划思想发展、城市规划体制、城市规划的价值观、生态与环境、经济与产业、人口与社会、历史与文化、技术与信息、城市规划的类型与编制内容、城市用地分类及其适用性评价、城乡区域规划、总体规划、控制性详细规划、城市交通与道路系统、城市生态与环境规划、城市工程系统规划、城乡住区规划、城市设计、城市遗产保护与城市复兴、城市开发规划、城市规划管理。

本书为城市规划学科专业教材，也可作为建筑学专业及从事城市规划和建筑设计的工作人员参考。

图 1-1 中文著作的内容提要示例

（资料来源：根据本章参考文献 [1] 相关内容改绘）

1.4 版权页

版权页（图 1-2）是表明著作权信息的页面，又称版权记录页或版本说明页，通常印在扉页背面或正文的最后一页。版权页通常包括版权说明、图书在版编目数据、版本记录、出版责任人记录（责任编辑、装帧设计、责任校对和其他有关责任人）、出版发行者说明（出版者、排版和印刷者、发行者等名称）、载体形态记录（图书开本尺寸、印张数、字数、附件的类型和数量）、印刷发行记录（第 1 版、本版、本次印刷的时间，印数，定价）

等内容。应有说明和保障版权的文字，如“有著作权，不准翻印”“版权所有，翻印必究”“请勿翻印”等字句。

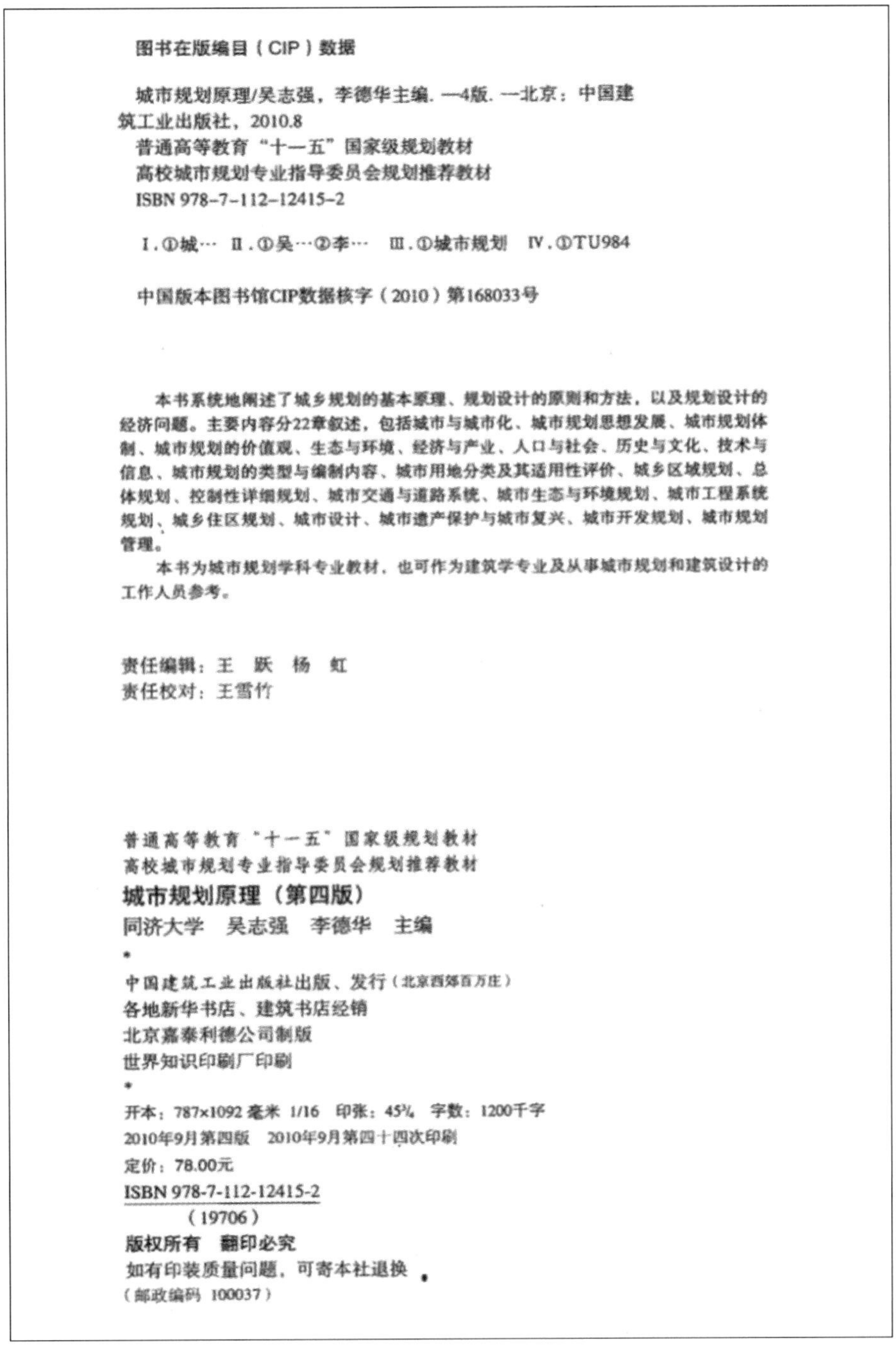

图书在版编目（CIP）数据

城市规划原理/吴志强，李德华主编. —4版. —北京：中国建筑工业出版社，2010.8
普通高等教育“十一五”国家级规划教材
高校城市规划专业指导委员会规划推荐教材
ISBN 978-7-112-12415-2

Ⅰ.①城… Ⅱ.①吴…②李… Ⅲ.①城市规划 Ⅳ.①TU984

中国版本图书馆CIP数据核字（2010）第168033号

本书系统地阐述了城乡规划的基本原理、规划设计的原则和方法，以及规划设计的经济问题。主要内容分22章叙述，包括城市与城市化、城市规划思想发展、城市规划体制、城市规划的价值观、生态与环境、经济与产业、人口与社会、历史与文化、技术与信息、城市规划的类型与编制内容、城市用地分类及其适用性评价、城乡区域规划、总体规划、控制性详细规划、城市交通与道路系统、城市生态与环境规划、城市工程系统规划、城乡住区规划、城市设计、城市遗产保护与城市复兴、城市开发规划、城市规划管理。

本书为城市规划学科专业教材，也可作为建筑学专业及从事城市规划和建筑设计的工作人员参考。

责任编辑：王　跃　杨　虹
责任校对：王雪竹

普通高等教育“十一五”国家级规划教材
高校城市规划专业指导委员会规划推荐教材
城市规划原理（第四版）
同济大学　吴志强　李德华　主编
*
中国建筑工业出版社出版、发行（北京西郊百万庄）
各地新华书店、建筑书店经销
北京嘉泰利德公司制版
世界知识印刷厂印刷
*
开本：787×1092 毫米 1/16　印张：45¾　字数：1200千字
2010年9月第四版　2010年9月第四十四次印刷
定价：78.00元
ISBN 978-7-112-12415-2
（19706）
版权所有　翻印必究
如有印装质量问题，可寄本社退换
（邮政编码 100037）

图 1-2　中文著作的常见版权页示例

（资料来源：根据本章参考文献 [1] 相关内容改绘）

版权页供读者了解图书的出版情况，是文献著录的重要信息源之一。尤其随着文献工作标准化事业的发展，在版编目的推行，版权页的记录内容也将有所增加，例如分类号、主题词以及反映该书内容的款目等。

1.5 引言

引言（也称前言（图 1-3）、序言或概述）用来说明编写书稿的指导思想和意图，介绍书稿的中心内容、特点、编写过程（包括编者或著译者简介）等，提出书中要研究的问题，引导读者阅读和理解全文。

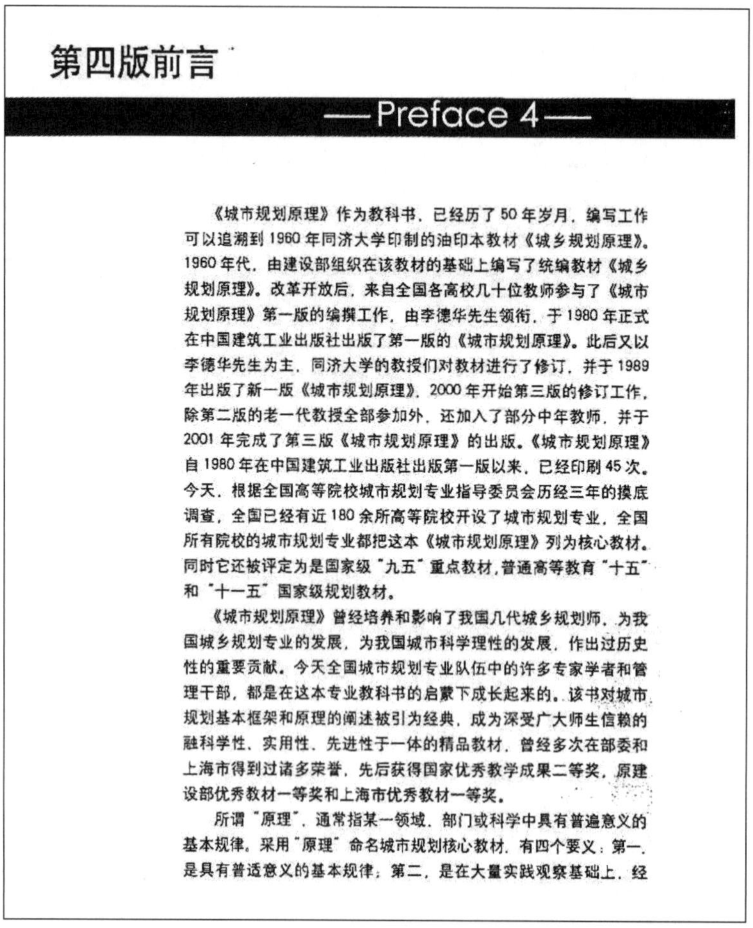

第四版前言

—— Preface 4 ——

《城市规划原理》作为教科书，已经历了 50 年岁月，编写工作可以追溯到 1960 年同济大学印制的油印本教材《城乡规划原理》。1960 年代，由建设部组织在该教材的基础上编写了统编教材《城乡规划原理》。改革开放后，来自全国各高校几十位教师参与了《城市规划原理》第一版的编撰工作，由李德华先生领衔，于 1980 年正式在中国建筑工业出版社出版了第一版的《城市规划原理》。此后又以李德华先生为主，同济大学的教授们对教材进行了修订，并于 1989 年出版了新一版《城市规划原理》，2000 年开始第三版的修订工作，除第二版的老一代教授全部参加外，还加入了部分中年教师，并于 2001 年完成了第三版《城市规划原理》的出版。《城市规划原理》自 1980 年在中国建筑工业出版社出版第一版以来，已经印刷 45 次。今天，根据全国高等院校城市规划专业指导委员会历经三年的摸底调查，全国已经有近 180 余所高等院校开设了城市规划专业，全国所有院校的城市规划专业都把这本《城市规划原理》列为核心教材。同时它还被评定为是国家级“九五”重点教材，普通高等教育“十五”和“十一五”国家级规划教材。

《城市规划原理》曾经培养和影响了我国几代城乡规划师，为我国城乡规划专业的发展，为我国城市科学理性的发展，作出过历史性的重要贡献。今天全国城市规划专业队伍中的许多专家学者和管理干部，都是在这本专业教科书的启蒙下成长起来的。该书对城市规划基本框架和原理的阐述被引为经典，成为深受广大师生信赖的融科学性、实用性、先进性于一体的精品教材，曾经多次在部委和上海市得到过诸多荣誉，先后获得国家优秀教学成果二等奖，原建设部优秀教材一等奖和上海市优秀教材一等奖。

所谓“原理”，通常指某一领域、部门或科学中具有普遍意义的基本规律。采用“原理”命名城市规划核心教材，有四个要义：第一，是具有普适意义的基本规律；第二，是在大量实践观察基础上，经

图 1-3 中文著作的前言示例

（资料来源：根据本章参考文献 [1] 相关内容改绘）

作者序是由作者个人撰写的序言，一般用以说明编写该书的意图、意义、主要内容、全书重点及特点、读者对象、有关编写过程及情况、编排及体例、适用范围、对读者阅读的建议、再版书的修订情况说明，并介绍协助编写的人员及对其致谢等。它的标题一般用“自序”“序言”“序”，比较简单的作者序有时也用“前言”。翻译书的原作者专为中译本撰写的序言，标题用“中译本序”。作者序一般排在目录之前，如果其内容与正文直接连贯，也可排在目录之后。

当另有非作者撰写的序言时，为区别起见，可用“序”“序言”“前言”“他序”等，文后署撰写人姓名。非作者序言是由作者邀请知名专家或组织编写该书的单位所写的序言，内容一般为推荐作品，对作品进行实事求是的评价，介绍作者或书中内容涉及的人物和事情。有时学生在写作文集时，也可邀请老师或家长帮他们写序。非作者序言一般都排在目录及作者序之前，如果是为丛书写的序，也排在作者序之前。

译者序一般着重说明翻译意图，有的也包括翻译过程中的某些事务性说明，一般以“译者序”为标题，内容

比较简单的也可以“译者前言”或“译者的话”为标题，一般排在目录之前。

1.6 目录

目录（图 1-4）是书刊上列出的篇章名目，多放在正文前。读者通过目录就可以对本书稿的内容梗概和篇章结构有所了解，并可以通过目录所注明的页码迅速查到需要了解的正文部分。目录除要求标题、附缀页码必须与正文一致外，本身还须眉目清楚，即从字体、字号和版面格式三方面体现标题体系。目录页一般显示二级标题，用罗马数字单独编页，不编入连续页码。对于包含多表或多图的著作，需要编制表目录和图目录，放在主目录后、正文前。有些著作定稿时，同时编撰了中文目录和英文目录。英文目录应与中文目录一一对应，表述准确。

目 录

—Contents—

第 1 篇 城市与城市规划 Cities and Urban Planning

002 第 1 章 城市与城市化 Cities and Urbanization
002 第 1 节 城市的产生与定义 Origin and Definition of City
005 第 2 节 城市的发展 Development of Cities
011 第 3 节 城市化 Urbanization

018 第 2 章 城市规划思想发展 Evolution of Urban Planning
018 第 1 节 古代的城市规划思想 Ancient Urban Planning
027 第 2 节 现代城市规划思想的产生与发展 Origin and Evolution of Modern Urban Planning
041 第 3 节 城市规划面临的城市发展趋势 Urban Trends
042 第 4 节 当代城市规划思想方法的变革 Recent Changes in Urban Planning

048 第 3 章 城市规划体制 Urban Planning System
048 第 1 节 城乡规划体制概述 Overview of Urban Planning System
051 第 2 节 我国现行城乡规划法规系统 Planning Legislation System in China
056 第 3 节 我国现行城乡规划行政系统 Planning Administration System in China
057 第 4 节 我国现行城乡规划技术系统 Planning Technical System in China
058 第 5 节 我国现行城乡规划运作体制 Planning Operational Mechanism in China

062 第 4 章 城市规划的价值观 Values in Urban Planning
062 第 1 节 城市规划的任务 Missions of Urban Planning
065 第 2 节 城市规划的目标与价值观 Aims and Values in Urban Planning
067 第 3 节 永续发展作为城市规划的基本价值观 Sustainable Development
072 第 4 节 “和谐城市”作为城市发展的理想目标 Cities of Harmony

图 1-4 目录的写作体例与常见格式

（资料来源：根据本章参考文献 [1] 相关内容改绘）

1.7 正文

正文部分（图 1-5）是图书的核心内容，所占篇幅最多、分量最重。正文的主体一般由多个有逻辑关联的章节组成，有时章数过多还可以根据逻辑关联将几章组合成篇。篇、章、节都要用简明、恰当、新颖和概括性强的语句命名，每一节如果分成几个部分，还要提炼出几个小标题，这样显得层次比较清晰。

1　中国古代的城市规划思想

中国古代文明中有关城镇修建和房屋建造的论述，总结了大量生活实践的经验，其中经常以阴阳五行和堪舆学的方式出现。虽然至今尚未发现有专门论述规划和建设城市的中国古代书籍，但有许多理论和学说散见于《周礼》、《商君书》、《管子》和《墨子》等政治、伦理和经史书中。

夏代（公元前21世纪起）对"国土"进行全面的勘测，国民开始迁居到安全处定居，居民点开始集聚，向城镇方向发展。夏代留下的一些城市遗迹表明，当时已经具有了一定的工程技术水平，如陶制的排水管的使用及夯打土坯筑台技术的采用等，但总体上，在居民点的布局结构方面都尚原始。夏代的天文学、水利学和居民点建设技术为以后中国的城市建设规划思想的形成积累了物质基础。

商代开始出现了我国的城市雏形。商代早期建设的河南偃师商城，中期建设的位于今天郑州的商城和位于今天湖北的盘龙城，以及位于今天安阳的殷墟等都城，都已有发掘的大量材料。商代盛行迷信占卜，崇尚鬼神，这直接影响了当时的城镇空间布局。

中国中原地区在周代已经结束了游牧生活，经济、政治、科学技术和文化艺术都得到了较大的发展，这期间兴建了丰、镐两座京城。在修复建设洛邑城时，"如武王之意"完全按照周礼的设想规划城市布局。召公和周公曾去相土勘测定址，进行了有目的、有计划、有步骤的城市建设，这是中国历史上第一次有明确记载的城市规划事件。

成书于春秋战国之际的《周礼 · 考工记》记述了关于周代王城建设的空间布局："匠人营国，方九里，旁三门。国中九经九纬，经涂九轨。左祖右社，面朝后市。市朝一夫"（图2-1-1）。同时，《周礼》书中还记述了按照封建等级，不同级别的城市，如"都"、"王城"和"诸侯城"在用地面积、道路宽度、城门数目、城墙高度等方面的级别差异；还有关于城外的郊、田、林、牧地的相关关系的论述。《周礼 · 考工记》记述的周代城市建设的空间布局制度对中国古代城市规划实践活动产生了深远的影响。《周礼》反映了中国古代哲学思想开始进入都城建设规划，这是中国古代城市规划思想最早形成的时代。

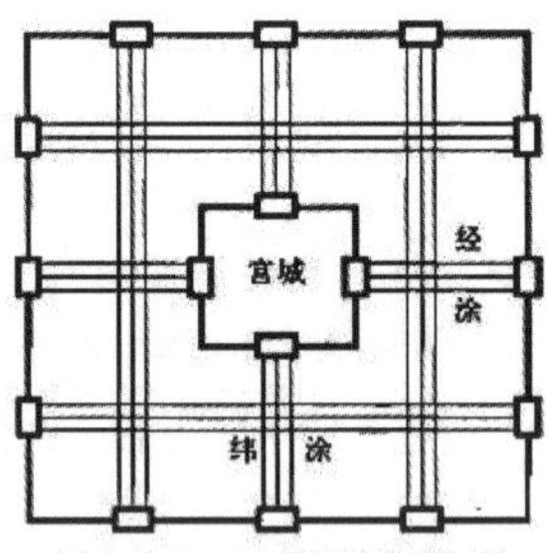

图2-1-1　周王城平面想象图

资料来源：同济大学李德华．城市规划原理（第三版）．北京：中国建筑工业出版社，2001：14.

战国时代，《周礼》的城市规划思想受到各方挑战，向多种城市规划布局模式发展，丰富了中国古代城市规划布局模式。除鲁国国都曲阜完全按周制建造外，吴国国都规划时，伍子胥提出了"相土尝水，象天法地"的规划思想，他主持建造的阖闾城，充分考虑江南水乡的特点，水网密布，交通便利，排水通畅，展示了水乡城市规划的高超技巧。越国的范蠡则按照《孙子兵法》为国

图1-5　图文并茂的著作正文编撰形式

（资料来源：根据本章参考文献[1]相关内容改绘）

1.8　附录

附录部分是附在图书末尾与图书正文中的内容相关的数据、图表、资料等相关信息和内容，之所以要作为附录出现，是因为这些材料不便在正文出现，或者放在正文会影响图书的条理性和逻辑性，影响整部图书的思维进程和紧凑性、连贯性等。

1.9 参考文献

科研工作有继承性，大多研究成果是对前人研究的一种深化和拓展。参考文献反映研究基础，写作一部图书要研究使用大量前人和时贤的文献资料。对于曾取材或参考过的数据以及供读者进一步研究的参考书目，应注明书名、作译者、出版者和出版年月等。不是只有引用文献原文才需要列出，有些文献是研究过程中使用的重要参考书，也需要列入参考文献。对于不宜公开的资料，不能作为参考文献引用。

1.10 其他要素

图书的结尾部分是由索引、致谢等构成的。图书的索引包括分类索引、人名索引、地名索引、关键词索引等。索引的健全与完备，可以方便读者快速地阅读、了解和掌握图书的内容和各种信息。书末索引按具体内容可以分为综合性索引和专门索引两大类。一般索引要有款目和出处两项内容，款目是从图书中抽取的具体内容，即供读者检索的项目；出处是检索项目在图书中出现的页码。

索　　引

（条目后的页码指原书页目，见本书边码）

Abrams, Charles 艾布拉姆斯,66
Administrative districts 行政区,128,132,418ff
Aged buildings 老建筑/旧房子,8,150,176,第九章;227,333,393,396ff,403
Alinsky, Saul D. 阿林斯基,297
Amsterdam 阿姆斯特丹,347
Anderson, Edgar 安德森,444
Architectural Forum《建筑论坛》,18,197,224ff,
Automobiles 汽车,7,23,46,222,229ff

Back-of-the-Yards Council 后院理事会,297
Bacon, Edmund 培根,358
Baldwin Hills Village (Los Angles housing project)鲍德温山庄(洛杉矶公共住宅),80
Baltimore 巴尔的摩,15,48,73,114,144,404,413,425
"Bathmat plan""浴缸边的地垫计划",360
Battery Park (NY) 巴特理公园(纽约),158ff
Bauer, Catherine 鲍尔,17,19ff,207,437
Beverly Hill (Calif) 贝弗利山庄(加州),46
Blenheim Houses (Brooklyn housing project) 布伦海姆住宅区(布鲁克林公共住宅),43ff
Blight 凋敝,44,97ff,172,230,234,258,273,445
Blocks, see Long Blocks; Small blocks; Streets; Super-blocks 街区,参见"长街段","小街段","街道","超级街段"
Bloodletting (an analogy) 放血疗法(一种类比),12ff
Border vacuums 交界真空带,8,90,242,第十三章,392,402,409
Boston 波士顿,5,15,114,119,169,

图 1–6　索引示意图

（资料来源：根据本章参考文献 [2] 相关内容改绘）

本章参考文献

[1] 吴志强，李德华．城市规划原理[M].4 版．北京：中国建筑工业出版社，2010.
[2] 雅各布斯．美国大城市的死与生[M]．金衡山，译．北京：译林出版社，2006.

第2章

著作阅读技巧与方法

2.1 泛读与精读

从心理学角度看，泛读与精读即综合性阅读与分析性阅读，主要是对阅读投入时间与精力的集中与分散，是从阅读范围的广度和阅读要求的深度来划分的，两者既有区别，又有联系[1]。泛读是一种综合性阅读，讲求广度，要求阅读面宽，是横向的，其主要特点是阅读量大。而精读则是一种分析性阅读，讲求深度，是纵向的，精读的特点是高质量的阅读。通常来说，精读需要建立在泛读的基础上，带着一定的目的进行深入、高质量的阅读[2]。

2.1.1 泛读的方法及特征

很多文献资料涉及的知识范围十分广泛，所以泛读必不可少，但泛读不代表懒惰性阅读，忽略文中大量重要内容。泛读的首要前提是阅读态度的端正，要有步骤地进行，不能抱着一种猎奇心理去完成阅读。在很多文献资料中，前面基本上会有一个序言和内容纲要，在泛读之前可以大致了解文章的内容特点，然后确立计划，梳理基本脉络。这种泛读的阅读方式通常有以下几个特征[3]。

（1）浅显性

泛读在现代社会尤为常见，随着现代电子科技产品的不断更新换代，各类文献的信息内容也开始不断数字化，电子阅读器推陈出新，这就造成了大量的人在坐车、吃饭等闲暇时间利用电子阅读器进行阅读。而这里的阅读也无疑是泛读，在这段时间内，人们直接获取到简短而又具有视觉冲击力的内容，这种大量的泛读形式也无疑具有浅显性。

（2）扫描性

人们在大量的信息中浏览到自己所需要的信息，这种信息的要点以浅显的形式呈现出来，使人们达到了一目十行的阅读效果，这也是泛读所呈现出的特征之一。

（3）低俗性

这种阅读方法不仅仅针对阅读者而言，对于所提供的文献资料也有一定的要求。泛读要求提供的文章内容比较浅显易懂，可以吸引眼球，不用做深入思考。但一些需要深刻理解的文献资料，泛读就远远达不到理解目的，例如《三国演义》《红楼梦》等名著，这些文学名著显然不适用于泛读的阅读方式。除此之外，泛读还强调放松身心，满足读者的求知欲。

2.1.2 精读的方法

精读是在泛读的基础上进行的，有着明确的阅读目的，这里的“明确”有三个层面的含义：其一，对文献中难以理解的字、词、句的相关查找，准确把握，对阅读中有关内容的深入挖掘；其二，通过反复的仔细阅读，将阅读材料转化为自身所具备的知识技能；其三，文献资料强调的重点就是精读的重点，两者存在相互统一的关系，精读强调注意力的高度集中，有一些阅读材料还需要结合作者所处的时代、写作背景来做双重的分析，可以选择较为典型的文献资料作为阅读的对象。相较于泛读而言，精读较为关注阅读者的基本素养和知识技能的均衡性，同时阅读的中心也不一样，精读是以主体为单位的，强调效果的完整性。

但总体而言，泛读和精读仍是相辅相成、相互磨合的关系，随着互联网时代的不断发展，泛读的阅读方式也将日益盛行，那么读者也要更加注重这两者之间的搭配关系，将精读作为知识提升的重要方法。

2.2 逐字阅读与关键词阅读

2.2.1 逐字阅读的适用情形

逐字阅读强调全神贯注，眼睛不断地注视书中的下一个字，由此逐字逐句地进行阅读。但这种阅读方式不是每种阅读情景都适用的，例如以下两种情况适用的阅读方式便不同。第一种，将阅读当作一种消遣时间的方式，如阅读小说类文本，在此过程中，读者是没有任何功利心的，根本不会用文献中的内容来解决现实中所遇到的一些问题或者麻烦，逐字阅读就是较为适合此类状况的阅读方式，这是因为读者在逐字阅读的时候会深深地被故事情节所吸引，跟随作者所设定的场景不断深入书本，有一种身临其境的感觉。第二种，如果阅读文献资料是为了获取一定的知识，改变现状，这时候采取逐字阅读的方法可能会导致效率低下。此外，逐字阅读在此处也显得过于刻板，所以此种情况就不适合采用逐字阅读的方法。

2.2.2 关键词阅读法步骤

所谓关键词阅读法，是为了解决阅读过程中受到单一思维模式所影响而造成弊端的问题，为了更高效地去理解作者的整体中心思想采取的阅读方法。关键词阅读法强调将阅读作为整体单位，以关键词构建一个文章的框架，由此来从书中分析作者的逻辑思维。这样做有一个非常大的好处，就是我们在阅读的时候，会考虑到这本书所要讨论的问题是什么？作者是如何进行分析的？这种阅读方式可以使知识体系形成一个完整的结构，从而使得阅读更加高效。关键词阅读法可以分为以下三步。

①理解作者在书中所要解决的问题是什么。

②找寻书中与中心观点相符的关键词。

③厘清这些关键词之间的关系，分析它们的主次结构。

通过上述步骤来进行关键词阅读，可以建立总体的关键词阅读框架，提升阅读效率。

2.3 视距金字塔和闪词阅读法

2.3.1 视距金字塔的概念

视距金字塔和闪词阅读法都在一定程度上强调了阅读时要加快阅读的速率，其中，视距金字塔原理就是扩大每次阅读的定焦范围[4]。例如，一个人在阅读时停顿一次可以看到大约七个字，另一个人在阅读时停顿一次可以看到五个字，可以明显地看出前者的阅读速度要比后者阅读速度快，那么后者如果要将五个字的阅读范围扩展到七个字，就可以利用这种视距金字塔的阅读方法。如图 2-1 所示，当注意力集中在中间列逐渐递增的数字上时，再看向两边的数字或者字母，依次上下移动，经过不断的练习后，这种方法就可以很快运用到真正的文献阅读之中。

4	1	7	j	1	t
25	2	57	ad	2	bo
44	3	60	kt	3	sr
38	4	16	fit	4	hf
92	5	11	ac	5	ep
47	6	15	pn	6	om
81	7	66	wv	7	mn
94	8	12	fun	8	jan

图 2-1　视距金字塔示意图

（资料来源：根据本章参考文献 [4] 相关内容改绘）

2.3.2　闪词阅读法的内涵及要领

闪词阅读法也可以理解为速读的一种，这种方法跟关键词阅读法有着异曲同工之妙，通过默读文献中的一些关键字，其他的一些赘述直接视读带过，这样的阅读方式会使得阅读时长大大缩短，同时提高阅读效率，但与此同时，也会有着诸多弊端。例如，关于书中的一些重要词段的理解可能会浅薄，同时还可能出现一些误读、误判的现象。但当我们适应这样的阅读速度后，阅读过程中对文章内容的吸收能力和理解能力也会随之提升。简言之，只阅读关键字是闪词阅读法的要领所在，要想只阅读关键字，明确关键字是必要前提。关键字的确定取决于个人的阅读目的、书中内容以及想要解决的具体问题，阅读过程中出现的一些特有名词尤其需要我们关注，比如，本书 2.1 节的关键词就是综合性阅读、分析性阅读、浅显性、扫描性、低俗性、阅读目的等。

2.4　扫读与跳读

2.4.1　扫读的要点

扫读是将数行文字、一段文字甚至整页文字作为注视单位，通过快速扫视获得对文章或书籍的总体印象、整体理解。在扫读的过程中，读者可以忽略与文章或书籍内容不相符合的事实或者信息，由此来阅读整篇文章[5]。但扫读过后通常会出现一种状况，即读者关于之前文章的内容没有印象，不知道文章重点，故读者需要在扫读的过程中抓住侧重点，要有思考地去扫读，不能一味地抱着读完整篇文章或整本书籍的想法阅读文本，否则就会造成阅读的片面性。扫读的关键就在于读者是否能快速分辨出哪些是重点内容[6]。

（1）留意新事物、新观点

书中提及的新的研究对象、研究方法和观点，让人印象深刻以及与大多数人思维不同的地方，都可能对我们有使用价值及启发性，值得我们多加关注。这或许有利于我们发散思维，从不同的视角深入探讨想要研究的对象以及希望解决的关键问题。

（2）目标导向

需要重点阅读的内容还是要根据我们的阅读目的和需要来辨识。首先，带着目标和思考去阅读，能更加有效地吸收阅读内容，不断解决心中的疑惑，在收获阅读成果的同时，也有助于进一步理解阅读材料。其次，目标导向的阅读要围绕问题阅读，解决问题是实现领域学习的关键，因为任何领域都是基于问题存在的。最后，在带着目的和主动意识去阅读的基础上，注重时间意识，这会促使我们阅读时有针对性地对主要内容进行快速扫描，阅读时会更加专注，效率更高。

（3）避开专业术语、语言晦涩段落

遇到文章或者书籍中各种不理解的名词、专业术语以及逻辑关系，暂且搁置并做好标记，随着阅读的深入或许会在后文发现某些内容与这些难点的关联，并帮助我们更好地理解它们，从而提高阅读效率。

2.4.2 跳读的方法

跳读是为搜索大脑所需的特定信息而对材料进行扫视，在阅读过程中快速捕捉书中的主要内容、基本观点、中心思想和自己感兴趣的东西，有意地漏掉某些细节、次要的东西，即快速、有选择地阅读。跳读的最大优点就是可以迅速地了解到自己所需要寻找的资料，跳读的部分重点可以从以下几个方面入手。

（1）提取重点信息

一本书的前言、后记、大小标题等，是阅读过程中需要重点关注的信息，这样的跳读方式可以让我们对全书内容有大致的了解，有助于我们整体把握书中的内容，从而更加深入地理解文章，也有助于后期文章的阅读。

（2）提升阅读速度

跳读的同时要注重阅读速度的提升，要眼脑并用，迅速扫视文字，找寻重点资料。同时阅读过程中要尽量拓宽自己的视野范围，一次定焦就要读取尽可能多的文字信息。具体来说，眼睛的聚焦点尽可能保持在每行的中间和句子前后，通过最大视野宽度辅助完成阅读。

（3）有针对性跳读

在阅读图书时，可以不针对整本书籍跳读，而是分区域地跳读，跳读书籍相应位置的信息可以使得资料的获取更加高效。例如，在文献、著作阅读过程中，主旨段、总结段和作者观点陈述段仔细阅读，其他过渡段、描述段等内容可跳读。不同的阅读材料可采用不同的跳读方式。

2.5 快速阅读要领

2.5.1 快速阅读的概念

快速阅读又称“速读”，要求阅读者在一个相对较短的时间内，准确把握所接受的信息，迅速理解这些信息的含义，并高效地利用这些信息。快速阅读主要有两层含义：一是个体的阅读速度快；二是个体可以保证阅读内容的准确性。

2.5.2 快速阅读要领

（1）“眼脑直映”提取信息

简而言之，就是通过眼睛看到文字，马上反映到大脑，避免音读，从而提升阅读效率。在此过程中，要充分发挥目光快、思维快这两大特征，可以极大地忽略“读”和“听”两大外界干扰因素，这种快速阅读的方式可以使读者对文章形成一个总体的框架，很快达到阅读目的。

（2）注意力高度集中

快速阅读的实际效果要靠注意力的高度集中来完成，这种阅读方式必须在读者精神和思想高度集中的状态下完成，否则便是一种表象阅读。通常来说，一般人很难对一扫而过的字符或者数字有较强的记忆点，所以只有集中精力才能获取有用的信息，创造零星的记忆点。

（3）无声的思维语言

快速阅读的要点是运用人类的无声思维语言，在常规的阅读中，人类器官接收信息的速度较大脑思维接收的速度要慢很多，所以要想使得器官跟思维速度相匹配，就要放低阅读速度，逐字逐句地进行阅读。例如上文的逐字阅读法。而快速阅读的一个亮点就是利用无声的思维语言和视觉所接收到的文字、图表进行同步，这个时候，阅读的记忆力也会得到稳步提高。

（4）聚焦式吸取信息

快速阅读在信息获取方面具有“聚焦式”的特点。首先，快速阅读的目的很明确，就是通读整篇文章获得阅读成效；其次，在快速阅读的同时有着潜在意义上的“去其糟粕，取其精华”的过程，在快速阅读中，大脑会自动过滤掉一些与文章无关的内容，从而使得阅读脉络清晰[7]。

2.6 批判式阅读

2.6.1 批判式阅读的内涵

凯瑟琳·华莱士（Catherine Wallace）将批判式阅读定义为一个读者、文本和作者三方面的社会交互过程，其中读者能够通过字面含义挖掘文本深层次甚至被“隐藏”的细节信息[8-10]。皮罗兹·理查德（Pirozzi Richard）也认为批判式阅读属于高层次阅读，要求读者对阅读材料进行深层次剖析和评价，并区分材料中的事实和观点，判断作者的写作目的、写作立场[11]。可见，批判式阅读是一个主动思考而非被动接受信息的过程。读者不仅需要理解文章的字面意思，还要对文字承载的信息进行评价，同时经过分析来判断作者的写作意图和文章信息是否真实、可靠。批判式阅读要求读者带着质疑的态度，运用逻辑推理能力来判断文章的可读性与内在价值[12]。

2.6.2 批判式阅读要领

（1）考虑文章的写作背景

有趣且巧妙的写作背景能够激发读者的兴趣。教育心理学中有关阅读兴趣的理论提出：从客观方面来讲，“兴趣”源自“有趣”；从读者阅读效果的角度来说，经过处理的有意义的写作背景能够有效促进读者识记。因此，在进行阅读的同时，我们应有意识地与作者及文本进行有效对话，将自己的认识、体会与作者的思想情感进行交流，可以幻想自己和作者处于同一个时代背景下，阅读的同时也要把握自己的阅读态度，以审视、批判的目光进行阅读[13]。

（2）敢于质疑作者的观念

首先，阅读时不能一味地接受作者所输出的观念，要敢于质疑作者的观念，同时确立自己的观念，并在文中寻找充足的理论支撑点，由此来达到知识进化的效果。其次，要主动对文章信息提出自己的见解和评价。在此谈论的“批判”，不能简单等同于“批评”，而是主动和理性的“评析”[14]。我们只有把握了所读的文章信息，并且进行了活跃而深刻的思考，才有可能作出有价值的评析。在阅读和思考阶段，我们要能评析作者的论点与论据，论据是否能有力支持论点，评价文本的结构、信息的组织方法是否能凸显作者的观点，实现作者的写作目的。

（3）学会识别作者所带有的偏见

例如，对于一些书籍中出现的历史概况、人文交流等，可能作者的立场不同，所输出的观念也会有所不同。在此，理性地去看待这些问题、纠纷，用批判性的态度去阅读，可以使自己的观点更加鲜明、客观，使自己的思维方式更加独立。这种阅读方式也是阅读过程中必不可少的一种方法，可以使阅读更加优质化。

2.7 阅读笔记

2.7.1 阅读笔记的重要性

笔记是人们记忆力的延伸。在阅读学习的过程中，把文献或书本中有价值的部分记录下来，不仅可以增强记忆力，弥补大脑信息收集能力的不足，提高读书效率，而且有利于引发新的思考，发现新的问题，为进一步的创新打下基础。现代著名教育学家徐特立曾提倡“不动笔墨不读书”。俗语有云：“眼过千遍，不如手过一遍。”梁启超在其1923年撰写的《国学入门书要目及其读法》中明确提出：

“若问读书方法，我想向诸君上一个条陈。这方法是极陈旧的，极笨极麻烦的，然而实在是极必要的。什么方法呢？是钞录或笔记。”

可见，记录阅读过程中的所思、所感、所想，通过阅读笔记快速地概览、重温并不断补充深入，才能读而有得。

2.7.2 做好阅读笔记的关键

俗话说：“好记性不如烂笔头。”在阅读的同时，做一定的阅读笔记也可以使阅读效率大大提高。想要做好阅读笔记，具体可以从以下三个方面入手。

①圈画出书中的重要信息，整理出书籍的基本脉络。例如整理书中的研究对象、研究方法、结论等，由此来增加对全书内容的记忆。

②对阅读第一印象差别较大的语言、写作模式、内容结构进行标记，这些细节或许是新的阅读体验的开启，总结这些陈词，也可以使自我的观念更加深刻。

③标记出和自己产生共鸣的语序或者片段，这也是阅读灵感的一种保存方式，此时的标注也有助于后期自我观点的阐述，帮助自己将书的内容领略得更透彻。阅读笔记这种记录方式可以在很大程度上帮助我们理解内容，同时效率也是非常高的。

2.8 著作阅读与论文阅读的异同

多阅读学术论文和著作是一个能够迅速积累和扩大知识面，追踪专业发展前沿动态，提高个人科研素质的好办法。同时具备正确的学术论文和著作阅读方法和逻辑，是科研人员从事任何领域科研的前置条件。然而论文及著作类型众多、数量庞大，阅读方法的不同会在一定程度上对阅读效率产生影响，因此在理解著作阅读和论文阅读异同的基础上，有针对性地制定阅读策略显得尤为重要。著作阅读与论文阅读也存在着许多共性与差异。

相同点：第一，都能从文中得到鲜明的观点，两者都具有统一的中心思想，可以获取阅读重点；第二，两者都可采取批判式阅读，从中获取有用信息和相关的知识积累。两者也都要求读者集中精力，有大致的逻辑框架。

不同点：第一，篇幅上就有较大的不同，著作的篇幅相对于论文而言要长，阅读起来也要花费较多时间；第二，语言表达上有所区别，著作的语言通常碎片化，观点在短篇幅中难以体现，通常是一整本书读完之后才能明确，故采用快速阅读、跳读、闪读的方式，而论文则以重要观点的输出为主，阅读起来需要集中注意力，还要考量其文献运用和观点的适用度，通常以精读为主；第三，阅读目的也会有所不同，一般情况下，人们选择阅读著作很可能是出于放松身心或者欣赏作品的需要，而阅读论文则大多是为了搜集相关资料，获取所需要的信息，前者的阅读环境相对于后者而言也更轻松。

本章参考文献

[1] 曹成刚．泛读与精读之比较研究——内隐记忆的作用[J]. 心理科学，1997(6):541-545.

[2] 龙红艳．浅谈精读与泛读各自的用处[J]. 读写算，2019(12):157.

[3] 魏如飞．从深阅读到浅阅读——大数据时代数字化阅读的解读[J]. 心事，2014（5）：61.

[4] 美国普林斯顿语言研究中心，比尔．如何阅读：一个已被证实的低投入高回报的学习方法[M]. 刘白玉，韩小宁，孙明玉，译．北京：中国青年出版社，2017.

[5] 吴乐丹．英语阅读中扫读的运用策略探究[J]. 成才之路，2020(24):90-91.

[6] 曹冬梅．略读 - 扫读阅读策略教学对于提高高中学生英语阅读成绩的实验研究[D]. 苏州：苏州大学，2015.

[7] 李永芳．快速阅读障碍与技巧[J]. 安徽大学学报（哲学社会科学版），1994(3):85-89.

[8] WALLACE C. Critical reading in language education[M].London：Palgrave Mcmillan，2003.

[9] WALLACE C. Critical literacy awareness in the EFL classroom[M].London：Longman，1992.

[10] WALLACE C. Reading with a suspicious eye：critical reading in the foreign language classroom[M]. Oxford：Oxford University Press，1995.

[11] PIROZZI R，GRECHEN S M，DZIEWISZ J B.Critical reading，critical thinking：focusing on contemporary issues[M].London：Pearson Education，2012.

[12] 田秀峰．批判式阅读教学的必要性及其障碍分析[J]. 教学与管理（理论版），2013(12):114-116.

[13] 黎娜．作者及写作背景知识的简介与高中语文阅读教学[D]. 武汉：华中师范大学，2017.

[14] 范莉．外语阅读的新思维——批判式阅读模式[J]. 英语研究，2008，6(4):81-84.

第3章

国内外城乡规划学术著作发展历程

3.1 现代城市规划诞生后的西方规划类经典著作

3.1.1 代表性著作名录

18 世纪在英国实现的工业革命彻底改变了人类居民点的模式，城市化的进程迅速推进，带来了城市社会经济发展的巨大变革，同时也伴随着人口爆发性增长、交通拥堵、环境恶化等一系列传统规划难以解决的城市问题，19 世纪中叶开始出现了康帕内拉、欧文、傅里叶等一批空想社会主义者和改良主义者，他们提出了一系列关注城市问题、城市未来发展方向的讨论与设想，如 “乌托邦” “太阳城” “新协和村” 等，为现代城市规划的形成在理论、思想和制度上做了充分准备，随后，1898 年霍华德发表 *Tomorrow: A Peaceful Path to Real Reform*，1909 年英国颁布 *The Housing and Planning*，*ect.Act*，标志着现代城市规划的产生。

现代城市规划的发展主要是针对工业城市的发展及期望解决由此产生的种种问题。*Tomorrow: A Peaceful Path to Real Reform* 中提出的田园城市理论，奠基了社会改革思想，认为应当建设一种兼具城市与乡村优点的理想城市，体现城市规划对人的关怀和社会经济的关注，对现代城市规划思想起到了重要的启蒙作用，后来出现的 “卫星城镇” “有机疏散” “广亩城市” 等理论都深受其影响。霍华德提出的田园城市和柯布西耶提出的现代城市设想，代表了两种不同的城市规划思想体系，也奠定了此后城市发展和城市规划思想的两种基本指向——分散主义和集中主义。从 20 世纪初到 21 世纪，西方诞生了一批规划类经典著作，部分名录如表 3-1 所示（近十年出版的西方规划类著作，影响力尚待检验，此处暂不做梳理及评论）。

表 3-1 现代城市规划诞生后西方规划类部分经典著作名录

出版时间	著作英文名称	原著作者
1898	*Tomorrow: A Peaceful Path to Real Reform*	Ebenezer Howard
1899	*The Growth of Cities in the Nineteenth Century*	Weber A. Ferrin
1904	*The Geographical Pivot of History*	Halford J. Mackinder
1909	*Plan of Chicago*	Burnham D. Hudson Edward H. Bennett Edward H. Bennett
1915	*Cities in Evolution*	Patrick Geddes
1920	*The Polish Peasant in Europe and America: Organization and Disorganization in America*	Thomas W. Isaac Florian Znaniecki
1925	*The City. Suggestion for Investigation of Human Behavior in the Urban Environment*	Robert E. Park, Ernest W. Burgess
1925	*The Growth of a City: An Introduction to a Research Project*	Ernest W. Burgess
1929	*Gold Coast and the Slum: A Sociological Study of Chicago's Near North Side*	Harvey W. Zorbaugh
1929	*The City of Tomorrow and Its Planning*	Le Corbusier
1933	*La Ville Radieuse*	Le Corbusier
1935	*Broadacre City*	Frank L. Wright
1938	*The Culture of Cities*	Lewis Mumford
1938	*Urbanism as a Way of Life*	Louis Wirth

续表

出版时间	著作英文名称	原著作者
1939	*The Structure and Growth of Residential Neighborhoods in American Cities*	Homer Hoyt
1940	*The Master Plan: With a Discussion of the Theory of Community Land Planning Legislation*	Harland Bartholomew
1943	*The City, Its Growth, Its Decay, Its Future*	Eliel Saarinen
1946	*Black Metropolis: A Study of Negro Life in a Northern City*	Drake St. Clair Horace R. Cayton
1950	*The Metropolis and Mental Life*	Georg Simmel
1950	*What Happened in History*	Childe Gordon, Childe V. Gordon
1957	*Family and Kinship in East London*	Michael Young Peter Willmott
1960	*The Image of the City*	Kevin Lynch
1961	*The City in History: Its Origins, Its Transformations, and Its Prospects*	Lewis Mumford
1961	*The Death and Life of Great American Cities*	Jacobs Jane
1964	*Location and Land Use: Toward a General Theory of Land Rent (Publications of the Joint Center for Urban Studies)*	William Alonso
1965	*A Preface to Urban Economics*	Wilbur Thompson
1965	*Advocacy and Pluralism in Planning*	Paul Davidoff
1965	*The Making of Urban America: A History of City Planning in the United States*	John W. Reps
1965	*The Urbanization of the Human Population*	Kingsley Davis
1966	*Central Places in Southern Germany*	Walter Christaller
1966	*The Culture of Poverty*	Oscar Leiws
1966	*The World Cities*	Peter G. Hall
1967	*Cities of Destiny*	Arnold Toynbee
1967	*Design of Cities*	Edmund N. Bacon Walduck Ken
1969	*Urban and Regional Planning: A Systems Approach*	J. Brian McLoughlin
1969	*A Ladder of Citizen Participation*	Sherry R. Arnstein
1969	*Classic Essays on the Culture of Cities*	Richard Sennett
1969	*Design with Nature*	Ian L. McHarg
1969	*House Form and Culture*	Amos Rapoport
1969	*American City Planning Since 1890: A history commemorating the fiftieth anniversary of the American Institute of Planners*	Mel Scott
1970	*The Economy of Cities*	Jacobs Jane

续表

出版时间	著作英文名称	原著作者
1973	*A Reader in Planning Theory*	Andreas Faludi
1973	*Social Justice and the City*	David Harvey
1973	*Small Iis Beautiful: Economics as if People Mattered*	Ernest F. Schumacher
1973	*Shelter*	Lloyd Kahn Bob Easton
1974	*Urban Design Aas Public Policy–: Practical Methods Ffor Improving Cities*	Jonathan Barnett
1975	*The Post-war Politics of Urban Development*	John H. Mollenkopf
1976	*Place and Placelessness*	Edward C. Relph
1977	*A pattern language: towns, buildings, construction*	Christopher Alexander
1977	*Human Aspects of Urban Form: Towards a Man-Environment Approach to Urban Form and Design*	Amos Rapoport
1977	*The Urban Question: A Marxist Approach*	Manuel Castells
1978	*Invisible Cities*	Italo Calvino
1978	*Collage City*	Colin Rowe Fred Koetter
1978	*Systems of Cities: rReadings on sStructure, gGrowth and pPolicy*	James W. Simmons Larry S. Bourne
1979	*The Art of Building Cities: City Building According to its Artistic Fundamentals*	Camillo Sitte
1980	*Moving the mMasses: uUrban pPublic tTransit in New York, Boston, and Philadelphia, 1880-1912.*	Charles W. Cheape
1981	*A Theory of Good City Form*	Kevin Lynch
1981	*Comparative Urbanization: Divergent Paths in the Twentieth Century*	Brian J. L. Berry
1982	*An Introduction to Urban Design*	Jonathan Barnett
1982	*City People: The Rise of Modern City Culture in Nineteenth-Century America*	Gunther Barth
1982	*Internal Structure of the City: Readings on Urban Form, Growth, and Policy*	Larry S. Bourne
1982	*Urban Utopias in the Twentieth Century: Ebenezer Howard, Frank Lloyd Wright, Le Corbusier*	Robert Fishman
1982	*Planning in the Face of Power*	John Forester
1984	*European Urbanization 1500 - 1800*	Jan de Vries
1984	*Good City Form*	Lynch Kevin
1984	*Site Planning Third Edition*	Kevin Lynch Gary Hack
1984	*The Aesthetic Townscape*	Yoshinobu Ashihara

续表

出版时间	著作英文名称	原著作者
1984	*The Architecture of the City*	Aldo Rossi
1984	*Fundamentals Of Urban Design*	Richard Hedman
1985	*Cities and People:A Social and Architectural History*	Girouard Mark
1985	*Political Change in the Metropolis*	Ronald K. Vogel John J. Harrigan
1985	*Crabgrass Frontier: The Suburbanization of the United States*	Kenneth T Jackson
1985	*The Granite Garden: Urban Nature and Human Design*	Anne W. Spirn
1985	*The Urban Design Process*	Hamid Shirvani
1985	*The Urbanization of Capital: Studies in the History and Theory of Capitalist Urbanization*	David Harvey
1986	*Capturing the Horizon: The Historical Geography of Transportation since the Transportation Revolution of the Sixteenth Century*	Peter J. Hugill
1986	*Dreaming the Rational City: The Myth of American City Planning*	M. Christine Boyer
1986	*Finding Lost Space: Theories of Urban Design*	Roger Trancik
1987	*Four Thousand Years of Urban Growth: A History Census*	Chandler Tertius
1987	*Life Between Buildings: Using Public Space*	Jan Gehl
1987	*Planning in the Face of Conflict*	John Forester
1987	*Planning in the Public Domain: From Knowledge to Action*	John Friedmann
1987	*The Politics of Urban Development*	Clarence N. Stone Heywood T. Sanders
1987	*Breaking the Impasse: Consensual Approaches to Resolving Public Disputes*	Jeffrey Cruikshank Lawrence Susskind
1988	*722 miles: The Building of the Subways and How They Transformed New York*	Hood Clifton
1988	*Cities of Tomorrow: An Intellectual History of Urban Planning and Design in the Twentieth Century*	Peter G. Hall
1988	*City Politics: The Political Economy of Urban America*	Dennis R. Judd Todd Swanstrom
1988	*Contemporary Urban Planning*	John M. Levy
1988	*The Making of Urban America: 2nd edition*	Raymond A. Mohl Roger Biles
1989	*City: Rediscovering the Center*	William H. Whyte
1989	*The Great Good Place: Cafés, Coffee Shops, Bookstores, Bars, Hair Salons and Other Hangouts at the Heart of a Community*	Oldenburg Ray
1990	*City of Quartz: Excavating the Future in Los Angeles*	Mike Davis

续表

出版时间	著作英文名称	原著作者
1990	*Making Equity Planning Work: Leadership in the Public Sector*	Krumholz Norman John Forester
1991	*The City Shaped: Urban Patterns and Meanings Through History*	Spiro Kostof
1991	*The Production of Space*	Henri Lefebvre
1991	*Urban Politics: Power in Metropolitan America 7th Edition*	BH Ross MA Levine MS Stedman
1992	*The City Assembled: The Elements of Urban Form Through History*	Kostof Spiro Greg Castillo Richard Tobias
1993	*European Cities, the Informational Society, and the Global Economy*	Manuel Castells
1993	*Urban rRegime and the cCapacity to gGovern: A pPolitical eEconomy aApproach*	Clarence N. Stone
1993	*The Next American Metropolis: Ecology, Community, and the American Dream*	Peter Calthorpe
1993	*Great Streets*	Allan B. Jacobs
1993	*Tell Them Who I Am: The Lives of Homeless Women*	Elliot Liebow
1994	*The New Urbanism: Toward an Architecture of Community*	Peter Katz
1994	*History of Urban Form Before the Industrial Revolution*	Anthony E. J. Morris
1994	*A Phoenix in the Ashes: The Rise and Fall of the Koch Coalition in New York City Politics*	John H. Mollenkopf
1994	*Social Exclusion in European Cities: Processes, Experiences, and Responses*	Ali Madanipour Goran Cars Judith Allen
1994	*Urban Design: The American Experience*	Jon Lang
1995	*Twentieth Century Land Use Planning: A Stalwart Family Tree*	Edward J. Kaiser David R. Godschalk
1995	*Environmental Impact Assessment: Cutting Edge for the 21st Century*	Alan Gilpin
1995	*Classic Readings in Urban Planning*	Jay M. Stein
1995	*Ecological Design*	Sim V. D. Ryn Stuart Cowan
1995	*The Making of Urban Europe 1000-1994*	Paul M. Hohenberg Lynn H. Lees
1996	*Urban and Regional Planning*	Peter Hall
1996	*Environmental Impact Assessment*	Larry Cantor
1996	*A Sense of Place, A Sense of Time*	John B. Jackson
1996	*City of Bits: Space, Place, and the Infobahn*	William J. Mitchell

续表

出版时间	著作英文名称	原著作者
1996	*Explorations in Planning Theory*	Seymour J. Mandelbaum Luigi Mazza Robert W. Burchell
1996	*Justice, Nature, the Geography of Difference*	David Harvey
1996	*Revitalizing Historic Urban Quarters*	Steven Tiesdell Taner Oc Tim Heath
1996	*The Compact City: A Sustainable Urban Form?*	Jenks Mike Elizabeth Burton Katie Williams
1996	*The Mega-City in Latin America*	Alan Gilbert
1996	*The Rise of the Network Society*	Manuel Castells
1996	*Emerging World Cities in Pacific Asia*	Lo F. Chen Yue M. Yeung
1997	*Cities for a Small Planet*	Richard Rogers
1997	*Collaborative Planning: Shaping Places in Fragmented Societies*	Patsy Healey
1997	*Managing Growth in America' s Communities*	Douglas R. Porter
1997	*Streets and the Shaping of Towns and Cities*	Michael Southworth Eran B. Joseph
1997	*Urban Parks and Open Space*	Alexander Garvin
1998	*Cities in Civilization*	Peter Hall
1998	*Landscape Planning and Environmental Impact Design*	Tom Turner
1998	*The Transit Metropolis: A Global Inquiry*	Robert Cervero
1998	*Urban Planning Theory Since 1945*	Nigel Taylor
1999	*Anglo-American Town Planning Theory Since 1945: Three Significant Developments but no Paradigm Shifts*	Nigel Taylor
1999	*E-Topia: "Urban Life, Jim - but not as We Know it"*	William J. Mitchell
1999	*Sprawl Busting: State Programs to Guide Growth*	Jerry Weitz
1999	*New York, Chicago, Los Angeles: America's Global Cities*	Janet L. Abulughod
2000	*New Directions in Planning Theory*	Susan S. Fainstein
2000	*Postmetropolis: Critical Studies of Cities and Regions*	Edward W. Soja
2000	*The Color of Cities: An International Perspective*	Lois Swirnoff
2000	*The Postmodern Urban Condition*	Michael J. Dear
2000	*Introducing Planning*	Clara Greed
2000	*The Profession of City Planning: Changes, Images and Challenges: 1950-2000*	Lloyd Rodwin Bishwapriya Sanyal
2001	*Bowling Alone: The Collapse and Revival of American Community*	Robert D. Putnam

续表

出版时间	著作英文名称	原著作者
2001	*Methods of Environmental Impact Assessment*	Peter Morris Riki Therivel
2001	*Planning Metropolitan Regions*	Gary Hack
2001	*The Global City: New York, London, Tokyo*	Saskia Sassen
2001	*The Impact of the New Information Technologies and Globalization on Cities*	Saskia Sassen
2001	*The Regional City: Planning for the End of Sprawl*	Peter Carlsorpe William Fulton
2001	*Suburban Nation: The Rise of Sprawl and the Decline of the American Dream*	Andres Duany Elizabeth Plater-Zyberk Jeff Speck
2002	*Planning Theory*	Philip Allmendinger
2002	*Redesigning the American Dream: Gender, Housing, and Family Life*	Dolores Hayden
2002	*The American City: What Works, What Doesn't*	Alexander Garvin
2002	*The Limitless City: A Primer on the Urban Sprawl Debate*	Oliver Gillham
2002	*Urban Economics*	Arthur O'Sullivan
2002	*Urban Life: Readings in the Anthropology of the City*	George Gmelch Walter P. Znner
2002	*Urban Sociology, Capitalism and Modernity*	Mike Savage Alan Warde Kevin Ward
2003	*Big Plans: The Allure and Folly of Urban Design*	Kenneth Kolson
2003	*The Globalization Reader*	Frank J. Lechner John Boli
2003	*Public Places-Urban Spaces*	Matthew Carmona Tim Heath Taner Oc Steven Tiesdell
2003	*Readings in Planning Theory*	Susan S. Fainstein
2003	*Urban Design: Street and Square*	Cliff Moughtin
2003	*The Neighborhood, the District and the Corridor*	Andrés Duany Elizabeth Plater-Zyberk
2003	*Urban Open Space: Designing For User Needs(Landscape Architecture Foundation Land and Community Design Case Study Series)*	Mark Francis
2003	*World City Network: A Global Urban Analysis*	Peter J. Taylor Ben Derudder
2004	*The New Transit Town: Best Practices in Transit-Oriented Development*	Hank Dittmar Gloria Ohland

续表

出版时间	著作英文名称	原著作者
2004	*Urban Geography*	Dave H. Kaplan James O. Wheeler Steven R. Holloway
2004	*Fifty Years of Regional Science*	Raymond J. G. M. Florax David A. Plane
2004	*Still Stuck in Traffic: Coping with Peak-Hour Traffic Congestion*	Anthony Downs
2004	*The Evolution of American Urban Society*	Howard P. Chudacoff Judith E. Smith Peter C. Baldwin
2004	*Geographic Information Systems and Science*	Paul A. Longley Michael F. Goodchild David J. Maguire David W. Rhind
2005	*Beyond Metropolis: The Planning and Governance of Asia' s Mega-Urban Regions*	Aprodicio A. Laquian
2005	*The Urban Geography Reader*	Nicholas R. Fyfe, Judith T. Kenny
2005	*Urban Geography*	Michael Pacione
2005	*The Urban Sociology Reader*	Lin Jan Christopher Mele
2005	*Urbanization: An Introduction to Urban Geography*	Paul L. Knox Linda McCarthy
2006	*Cities and Urban Life*	John J. Macionis Vincent N. Parrillo
2006	*Cities in a World Economy*	Saskia Sassen
2006	*Exploring the Urban Community: A GIS Approach*	Richard P. Greene James B. Pick
2006	*The European City and Green Space: London, Stockholm, Helsinki and St. Petersburg, 1850-2000*	Peter Clark
2006	*Introduction to Environmental Impact Assessment: A Guide to Principles and Practice*	Bram Noble
2006	*The City: A Global History*	Joel Kotkin
2006	*The Global Cities Reader*	Neil Brenner Roger Keil
2006	*GIS For the Urban Environment*	Juliana Maantay John Ziegler John Pickles
2006	*Planning Sustainable and Livable Cities*	Stephen Wheeler
2006	*The Polycentric Metropolis: Learning from Mega-City Regions in Europe*	Peter Hall Kathryn Pain
2006	*The World is Flat: A Brief History of the Twenty-first Century*	Thomas L. Friedman

续表

出版时间	著作英文名称	原著作者
2006	*Town Spaces*	Rob Krier
2006	*The Urban Design Reader*	Michael Larice Elizabeth Macdonald
2006	*Urban Land Use Planning*	Philip R. Berke David R. Godschalk
2007	*Urban Transit Systems and Technology*	Vukan R. Vuchic
2007	*The Urban Politics Reader*	Elizabeth A. Strom John H. Mollenkopf
2008	*Redesigning Cities: Principles, Practice, Implementation*	Jonathan Barnett
2009	*The Urban and Regional Planning Reader*	Eugene Ladner Birch
2009	*Urban Regeneration in the UK*	Andrew Tallon
2010	*Cities for People*	Jan Gehl
2010	*The Language of Towns & Cities: A Visual Dictionary*	Dhiru A. Thadani
2011	*Arrival City: The Final Migration and Our Next World*	Doug Saunders
2011	*The Making of Hong Kong: From Vertical to Volumetric*	Barrie Shelton, Justyna Karakiewicz Thomas Kvan
2011	*Triumph of the City*	Edward Glaeser
2011	*Urban Code: 100 Lessons for Understanding the City*	Anne Mikoleit Moritz Purckhauer
2012	*Learning from the Japanese City: Looking East in Urban Design*	Barrie Shelton
2013	*City Building: Nine Planning Principles for the 21st Century*	John Lund Kriken Philip Enquist Richard Rapaport

3.1.2 时间脉络与内容领域

现代城市规划产生之后历经了几个不同的阶段（表 3-2，图 3-1）。

表 3-2　20 世纪初至今城乡规划的内涵转变

年代	城乡规划的内涵转变
20 世纪初	planning for growth
20 世纪 30 年代	planning for public health
20 世纪 50 年代	planning for rehabilitation
20 世纪 70 年代	planning for social justice
20 世纪 80 年代	planning for city form
20 世纪 90 年代	planning for governance
21 世纪	diversified

（表格来源：编著团队自绘）

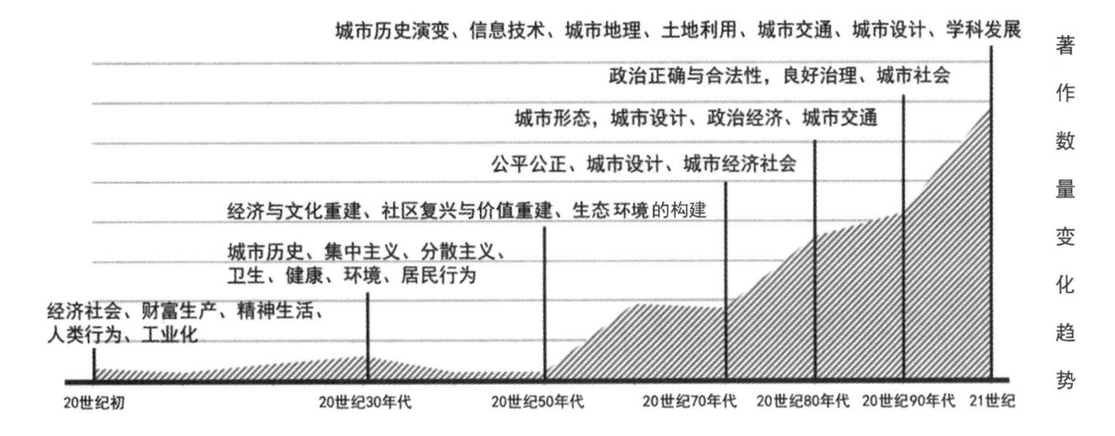

图 3-1　各阶段城乡规划类学术著作关注的要点领域

（图片来源：编著团队自绘）

20 世纪初，工业技术和科学飞速发展，成为社会发展的巨大推动力，城市规划的重心以财富生产为导向，城市大规模建设厂房和住宅以满足生产生活需求，这一时期的城市规划著作着力于研究城市经济社会发展、工业化进程与城市规划的关系，以及工业化背景下人类生活需求等。如 Patrick Geddes（帕特里克·格迪斯）于 1915 年编著的 *Cities in Evolution*（《进化中的城市》）在充分分析工业化、工业技术的发展趋势之后，提出把规划建立在客观现实之上，研究城市环境承载潜力对于居住布局与地方经济体系的影响。

20 世纪 30 年代开始，环境污染和卫生状况的恶化，使城市规划开始由工业发展为首的物质形态规划逐步转向解决城市问题，规划的目标转变为改善公共健康和卫生环境，这期间诞生的光辉城市、广亩城市等重要理论思想产生了巨大影响。1933 年，柯布西耶编著了 *La Ville Radieuse*（《光辉城市》），主张用全新的规划理念来改造城市，通过建设高层建筑、大片绿地和便捷的交通路网来改善城市空间，解决现有的拥挤、脏乱等城市问题，通过增加人口密度来阻止城市的无序蔓延，并创造性地提出立体交通组织。同样是旨在解决城市问题，赖特在 1935 年所著的 *Broadacre City*（《广亩城市》）则提出了相反的观点，认为现代城市是反民主的，是不能代表人类生活愿望的，主张依托汽车的发展，创造一种新的、分散的、无处不在的未来城市，不再将一切活动集中于城市中，主张发展一种低密度、完全分散的新形式。

到了 20 世纪 50 年代，众多国家开始投入第二次世界大战后的城市重建与复兴，城市规划著作的主要方向也着眼于经济与文化重建、社区复兴与价值重建，以及生态环境的构建。*The Death and Life of Great American Cities*（《美国大城市的死与生》）的作者简·雅各布斯，就是在负责报道城市重建计划的过程中，逐渐发现了传统规划观念的不合理性。当时的美国旧城更新计划甚嚣尘上，面对美国的种族歧视、社会动荡、贫富差距及犯罪率上升等一系列问题，简·雅各布斯向传统规划理论提出了挑战。她在书中分析了城市的特性，考察了城市衰败与更新，并建议在居住、交通、管理等各个方面作出改变，解决美国城市长期存在的复杂性社会问题。

20 世纪 70 年代，在战后重建规划工作推进的同时，人们也开始意识到规划中的社会公平问题。战后规划“社会分配”效果的不平等使规划脱离了构建合理有序的城市的本意。这一时期学者们的著作也开始批判战后创建的规划体系所带来的社会资源的不公平分配，探索战后的城市发展道路。如 1974 年 Jonathan Barnett（乔约森·巴奈特）所著的 *Urban Design as Public Policy: Practical Methods for Improving Cities*（《作为公共政策的城市设计》）和 1975 年大卫·哈维编著的 *Social Justice and the City*（《社会公正与城市》），对于城市规划设计中空间形态的塑造方法研究得不深，而更多地侧重于讨论如何利用法律、政策、规划设计方法等各种手段来平衡多方利益，保护公共利益。

20 世纪 80 年代，由于“右翼政治运动”的出现，地方政府性质产生了变化，但是起初并未引起学者们的深刻讨论，许多城市规划著作仍是专注于研究城市设计以及城市问题；到了 20 世纪 90 年代，学者们认识到了城市规划的政治前提所受到的严峻挑战，研究转向于对规划的政治正确与合法性、社会治理等问题。

迈入 21 世纪以后，城市规划著作的研究方向开始趋于多元化，关于城市历史发展、城市形态、经济社会发展规律、土地利用、新技术、新方法及城市规划学科发展的研究层出不穷。

3.2 2015 年以来中国城乡规划学术专著发展态势

3.2.1 代表性著作名录

2015 年以来，我国城乡规划类的著作不断增多，物质空间规划、经济社会发展、环境与健康等核心簇群知识网络不断拓展和丰富，研究视野也更加开阔，“城中村”“转型期”“传统村落保护”“紧缩城市”等一系列带有中国特色的关键词涌现出来。同时，随着学科研究手段与方法的进步，学科交叉性不断增强，“空间演化模型”“地理信息技术”“多代理人模拟”“大数据”等新技术方法也更好地融入著作中去，运用新兴技术方法来感知和研究城市成了城乡规划研究的热门领域。2019 年起，国土空间规划改革更是直接影响了中国城乡规划思想、技术方法，学者们迅速作出响应与判断，“多规合一”“国土空间规划”成为热门词汇。2015 年后的部分相关学术著作如表 3-3 所示（著者为机构或团体的著作未包含，设计作品集或偏重于项目方案解析的著作未包含）。

表 3-3 2015 年以来中国城乡规划部分相关学术著作名录

年份	著作名称	原著作者
2015 年	小城镇城市空间形态控制策略研究与实证分析	陈萍
2015 年	地域乡村社区研究与规划设计创新——以西安高陵县新社区布点规划与乡村社区建设实践为例	蔡辉
2015 年	小城镇城市空间形态控制策略研究与实证分析	陈萍
2015 年	城市规划理论的多维度研究	陈萍等
2015 年	大遗址保护与区域发展的协同——基于《汉长安城遗址保护总体规划》的探索	陈稳亮
2015 年	基于老龄化社会的城乡规划变革与创新	陈小卉等
2015 年	城市空间的演进模拟与计算	杜嵘
2015 年	空间句法在中国	段进等
2015 年	多规融合的空间规划	顾朝林
2015 年	水网城镇低碳化规划的理论与方法	黄耀志等
2015 年	转型期我国中部特大城市社会空间结构演化研究——以合肥为例	李传武
2015 年	转型期深圳城市更新规划探索与实践	李江等
2015 年	城乡统筹规划方法	李惟科
2015 年	城市地下公共空间设计	卢济威等
2015 年	从城镇体系到国家空间系统	罗志刚

续表

2015年	都市圈空间优化与产业转型比较研究	任晓
2015年	城市空间形态演变的多尺度研究	尚正永
2015年	新型乡村空间结构研究：规划、建设、经济协调发展	史津等
2015年	自然形态的城市设计——基于数字技术的前瞻性方法	苏毅
2015年	优化国土空间开发格局研究	肖金成等
2015年	“流空间”视角的城市与区域结构	修春亮等
2015年	新型城镇化背景下的村镇规划与美丽村庄建设	徐学东
2015年	黄岩实践	杨贵庆等
2015年	新型城镇化进程中的城乡规划管理创新研究	杨景胜等
2015年	城市商业空间新结构模式	叶强等
2015年	城市逆向规划建设——基于城市生长点形态与机制的研究	张芳
2015年	城市商业区研究——规划、治理模式与案例	张健
2015年	中国城乡一体化的空间路径与规划模式	张沛等
2015年	基于GIS的北京乡村景观格局分析与规划	赵群等
2015年	后开发区时代开发区的空间生产：以苏州高新区狮山路区域为例	郑可佳
2015年	政策系统对城市总体规划实施的影响研究	周金晶
2015年	城市绿地增扩新途径：绿化与建筑空间的复合设计	周曦
2015年	大城市创意产业空间与网络结构：基于北京和上海的实证研究	朱华晟等
2015年	城市历史地段空间结构更新理论与实践	朱瑜葱等
2016年	区域城镇化与工业化的空间协同——演化、机理与效应	曹广忠等
2016年	村镇建设用地再开发规划编制技术研究	曹小曙等
2016年	中国城市的单位透视	柴彦威等
2016年	欠发达地区新农村建设规划研究：以江西为例	池泽新等
2016年	四维城市——城市历史环境研究的理论、方法与实践	何依
2016年	村镇区域发展与空间优化	贺灿飞等
2016年	城乡规划编制中的空间分析与辅助决策方法	李晓江等
2016年	城市易致病空间理论	李煜
2016年	旧概念与新环境——以人为本的城镇化	梁鹤年
2016年	全球化与区域化——福建对外贸易研究（1895—1937）	刘梅英
2016年	城镇化背景下传统村落空间发展研究	卢世主等
2016年	城市老工业区更新的评价方法与体系——基于产业发展和环境风险的思考	罗超
2016年	马克思主义社会空间理论及其在城乡关系上的应用研究	罗敏

续表

2016年	新型城镇化空间模式	马海龙等
2016年	战略转型与格局重构	毛蒋兴等
2016年	山地城乡规划地方标准评估与体系建设——以重庆市为例	孟庆等
2016年	城市发展规划理论与实践路径	潘悦
2016年	乡村贫困的地方性特征及土地利用对乡村发展的影响	任慧子
2016年	亚洲城市中心区的极核结构	史北祥等
2016年	迈向田园城市——杨凌示范区景观生态模式及规划策略研究	史承勇
2016年	基于公共空间价值建构的城市规划制度研究	宋立新
2016年	中国城市区域的多中心空间结构与发展战略	孙斌栋等
2016年	乡村景观营建的整体方法研究——以浙江为例	孙炜玮
2016年	新型城镇化进程中的城市更新研究——以杭州市“一拆三改”为例	王立军等
2016年	城市绿色边界——城市边缘区绿色空间的景观生态规划设计	王思元
2016年	良镛求索	吴良镛
2016年	匠人营国	吴良镛等
2016年	人居科学与区域整合——第四届人居科学国际研讨会论集	吴良镛
2016年	基于社区视野的特殊群体空间研究——管窥当代中国城市的社会空间	吴晓等
2016年	城市生产性服务业空间格局与规划	吴一洲等
2016年	新转型背景下城市空间结构优化	熊国平
2016年	南京城市开放空间形态研究（1900—2000）	徐振
2016年	北京都市新空间与景观生产	许苗苗
2016年	城市中心3D噪声地图与空间形态耦合机理及优化设计	杨俊宴等
2016年	城市中心风环境与空间形态耦合机理及优化设计	杨俊宴等
2016年	中国城镇化进程中的乡村发展及空间优化重组	杨忍
2016年	苏州城乡一体化过程中农民安置问题及空间规划对策研究	杨新海等
2016年	北京城市发展与空间结构演化	于伟等
2016年	当代中国村镇空间变化与管治	余斌等
2016年	中国城镇体系规划的发展演进	张京祥等
2016年	大都市商业业态空间演变与发展研究	张小英
2016年	高速城市化时期的村镇区域规划	张晓明
2016年	国家和区域服务业集聚区规划研究	郑吉昌
2016年	大城市边缘区域的产业与城乡空间优化研究	郑文升
2016年	适宜“老有所居”的城市社区居住环境规划与设计	周典

续表

2016年	城市多中心发展的驱动力：基于上海生产性服务业快速细化的研究	周静
2016年	城市“空间—产业”互动发展研究	周韬
2016年	城市核心区综合交通与空间集约利用互动关系研究	杨庆媛等
2016年	回归人性化的城市——城市步行空间设计策略与手段	戚路辉
2016年	基于GIS的土地利用、交通与空气质量一体化	赵丽元
2016年	上海特大型城市低碳城市规划——城市空间结构与交通规划策略	潘海啸
2017年	新城镇建设背景下现代乡村景观设计	曹磊
2017年	基于省域视角的国土空间规划编制研究和情景分析	陈明等
2017年	城乡结合部的犯罪聚集规律与空间防控研究——基于地理信息系统的应用	单勇
2017年	中国城市空间统计模型方法及应用研究	董春等
2017年	中国城市发展空间格局优化理论与方法	方创琳等
2017年	基于游憩理论的城市开放空间规划研究	方家等
2017年	大都市郊野空间治理的上海探索	谷晓坤
2017年	城市环境空间生态体系构建研究	谷永丽
2017年	城市规划及可持续发展的原理与方法研究	胡小静
2017年	乡村景观规划设计研究	怀康
2017年	武汉城市圈协同发展及武汉城市发展策略	黄亚平等
2017年	城乡规划的社会网络分析方法及应用	黄勇
2017年	中国紧凑城市的形态理论与空间测度	金俊
2017年	社会资本视域下的社区治理创新研究	李东泉等
2017年	历史街区保护的双系统模式——以巴蜀地区为例	梁乔
2017年	城乡路网系统的空间复杂性	刘承良
2017年	创意产业时空过程模拟	刘合林等
2017年	城市群城镇化空间格局、环境效应及优化	刘辉
2017年	现代城市规划与可持续发展	刘嘉茵
2017年	武汉三镇城市形态演变研究	刘剀
2017年	城市社区资源配置与规划建设研究	刘蕾等
2017年	城乡结合部经济空间特征、演化机理与调控——以北京为例	刘玉
2017年	整体主义与城乡统筹发展——从理念到实践	马国强
2017年	城市滨水区再开发中的工业遗产保护与再利用	马航等
2017年	新型信息技术背景下的城乡规划支持服务	彭霞等
2017年	空间正义与城市规划	上官燕等

续表

2017年	工业遗产地城市公共空间的重构	孙朝阳
2017年	列斐伏尔“空间生产”的理论形态研究	孙全胜
2017年	治理城市病的规划探讨	孙文华
2017年	城乡基础教育设施空间配置评价与规划对策	孙雯雯
2017年	低碳导向下城市边缘区规划理论与方法	覃盟琳等
2017年	城市势力圈的划分方法及其应用	王德
2017年	郑州大都市区建设研究	王建国等
2017年	上海城市空间结构演化的研究	王竞梅
2017年	中国城市群空间结构与集合能效研究	吴志强
2017年	高铁驱动的区域同城化与城市空间重组	王兴平等
2017年	生态理念下的村庄发展与规划研究	王印等
2017年	中国村庄规划理论与实践	温锋华
2017年	行万里路 谋万家居——“人居科学发展暨《良镛求索》座谈会”文集	吴良镛
2017年	空间规划	吴唯佳等
2017年	村俗文化生态保护区规划	熊国平
2017年	城乡景观规划理论与应用	徐清
2017年	棚户区和城中村改造策略与规划设计方法	薛峰
2017年	城市中心区规划设计	杨俊宴等
2017年	多中心城市建设与“城市病”治理	杨卡
2017年	历程・格局・尺度——四座世界城市的绿地空间研究	杨鑫
2017年	基于云南省城镇上山战略的山区建设用地适宜性评价原理与方法研究	杨子生等
2017年	欧洲城市设计	易鑫等
2017年	国土空间用途管制与“三线”划设研究——以贵州省为例	袁国华等
2017年	中原地区传统村落空间形态研究	张东
2017年	长株潭地区生态乡村规划发展模式与建设关键技术研究	赵先超等
2017年	城市规划决策咨询理论与实践	赵艳莉
2017年	基于步行导向的城市公共活动中心区城市设计研究	赵勇伟
2017年	城市发展阶段与阶段性空间结构模式	郑国
2017年	乡村旅游发展与规划新论	周霄
2017年	基于GIS的重庆城镇和产业布局优化研究	易小光等
2018年	城市交通与路网规划	蔡军等
2018年	城市支路网规划理论与方法	蔡军等

续表

2018 年	高铁站区空间形态与规划策略	曹阳等
2018 年	新时期村镇规划理论与实践研究	陈昌崇
2018 年	城市日常公共空间理论及特质研究——以汉口原租界为例	陈立镜
2018 年	城市群空间组织与产业空间分异——过程、机制与模式	崔大树
2018 年	“人口－土地” 城镇化协调发展研究——多维评价、空间分析与政策建议	崔许锋
2018 年	城市绿色天际线线形规划研究	戴德艺
2018 年	城市空间规划理论与方法	丁成日
2018 年	贵州喀斯特山区的民族传统乡村聚落空间形态	杜佳
2018 年	深圳城中村的空间和社会形态演变	段川
2018 年	抚河流域地区传统聚落空间形态研究	段亚鹏
2018 年	城市规划中的大数据应用与实践	冯意刚
2018 年	转型期中国大城市空间结构演变机理与调控研究	耿建忠等
2018 年	中国新型城镇化之路	顾朝林
2018 年	文化休闲特色小镇建设规划与实践	郭琳
2018 年	城乡规划 GIS 空间分析方法	韩贵锋等
2018 年	珠三角地区岭南特色村镇风貌规划与设计研究	胡朝晖等
2018 年	广州旧城形态演变特征与机制研究	黄慧明
2018 年	中部地区县域新型城镇化路径模式及空间组织	黄亚平等
2018 年	山地人居环境规划信息化研究——重庆乡村规划管理实践	金伟
2018 年	西北地区乡村风貌研究	靳亦冰等
2018 年	城镇密集地区综合交通规划理论与实践	孔令斌等
2018 年	滨海城市可持续性旅游规划研究	李超
2018 年	中国南昌单位大院与城市物质空间形态的关联性	李晨等
2018 年	城市环境规划与评估的数字技术	李鹍
2018 年	诗境规划论	李先逵等
2018 年	中东铁路沿线近代城镇规划与建筑形态研究	刘大平等
2018 年	低碳城市目标下城市轨道交通与土地利用协调规划	刘魏巍等
2018 年	生态园区规划——理论与实践	卢剑波等
2018 年	生态城市规划设计思路及方法探索	鲁瑶
2018 年	乡村振兴战略背景下县域村镇空间优化研究	罗雅丽等
2018 年	城市规划对上海近郊社区空间影响——1950—2000	马鹏
2018 年	控规运行过程中公众参与制度设计研究——以上海为例	莫文竞

续表

2018年	转型期上海工业集聚区的空间发展研究	潘斌等
2018年	长江中游城市群空间协同发展研究	彭翀等
2018年	城市住区步行友好性研究	彭雷
2018年	城市弹性的测度与时空分析——以四川省为例	蒲波
2018年	城乡规划视野下多维土地利用分类体系研究	戚冬瑾
2018年	震后城乡重建规划理论与实践	邱建等
2018年	城市开放空间格局及其优化调控——以南京为例	邵大伟
2018年	城市郊区活动空间	申悦
2018年	空间信息技术支持下的中国乡村建筑综合区划研究	沈涛
2018年	城乡绿地生态网络构建研究——以扬州市为例	苏同向
2018年	功能区划在中小尺度空间规划中的应用	陶岸君
2018年	城镇空间的分形测度与优化——基于陕北黄土高原城镇案例的研究	田达睿
2018年	地域文化与乡村振兴设计	王宝升
2018年	面向“智慧规划”的多规融合理论与实践——从规划编制到平台构建的一体化实现	王慧芳等
2018年	新型城镇化复杂系统的时空演进与规划响应——以山东省为例	王利伟
2018年	城市空间规划与城市生态环境保护研究	王思佳等
2018年	城市综合体的协同效应研究——理论・案例・策略・趋势	王桢栋
2018年	中国特色小镇规划理论与实践	温锋华
2018年	区域发展产业规划	吴殿廷等
2018年	科技引领未来	吴良镛等
2018年	现代旅游区景观规划与设计研究	吴岩
2018年	多中心城市空间结构概念、案例与优化策略	吴一洲
2018年	乡村社区空间形态低碳适应性营建方法与实践研究	吴盈颖
2018年	明清时期汉水中游治所城市的空间形态研究	徐俊辉
2018年	文化景观视角下的清代重庆城空间形态研究	许芗斌
2018年	生态城市规划技术研究	杨民安
2018年	城市规划区绿色空间规划研究	叶林
2018年	大都市区行政区划调整：地域重组与尺度重构	殷洁
2018年	城市公共空间的规划、建设与管理	于洋
2018年	大脚革命：重归桃园——土地与城市设计的理论与实践	俞孔坚
2018年	大数据与城市商业空间布局优化研究	张健
2018年	精明收缩视角下产业园区转型再生	张京祥等

续表

2018年	建设用地立体空间拓展与优化配置研究	张丽等
2018年	高铁时代的城市发展与规划	张文新等
2018年	城市碎片——北京、芝加哥、巴黎城市保护中的政治	张玥
2018年	基于城乡制度变革的乡村规划理论与实践	赵之枫等
2018年	城市轨道交通系统规划方法论	郑明远
2018年	城市土地利用与交通整合理论、方法和实践	钟绍鹏等
2018年	低碳生态城市规划理论与实践	朱智勇
2018年	城镇化背景下城市空间演化与交通系统发展——以组群城市淄博为例	王晓原等
2018年	低碳城市目标下城市轨道交通与土地利用协调规划	刘魏巍等
2018年	中等城市土地使用与交通一体化规划	苏海龙
2018年	城镇密集地区综合交通规划理论与实践	孔令斌等
2018年	城乡规划GIS技术应用指南：GIS方法与经典分析	牛强
2019年	基于新文脉主义的城市色彩可持续研究	边文娟
2019年	郑州历史文化名城保护与发展战略规划研究	曹昌智等
2019年	山地城市设计适应性理论与方法	曹珂等
2019年	上海城市公共开放空间与休闲研究	车生泉等
2019年	城市交通规划制度研究	陈佩虹
2019年	生态文明理念下的城市空间规划与设计研究	陈苏柳等
2019年	乡村区域发展规划——理论与浙江实践	陈修颖等
2019年	转型时代的空间治理变革	陈易
2019年	城市群生态空间重构——以长株潭城市群为例	陈永林
2019年	城乡空间协调生长机制及规划方法——以渭南为例	程芳欣等
2019年	大城市“次区域生活圈”建构标准及空间组织优化策略	单卓然等
2019年	中国当代城市设计思想	段进等
2019年	乡村景观规划与田园综合体设计研究	樊丽
2019年	以人为本的城市客运交通与土地使用模式规划研究	郭亮
2019年	规划的混乱——探寻花楼街	胡晓青等
2019年	城镇生命线复杂网络系统可靠性规划	黄勇等
2019年	城市空间发展的转型结构和演变动因	江泓
2019年	城市生态游憩空间格局和功能优化研究	李华
2019年	高山村空间识别与规划对策研究——以重庆市为例	李静
2019年	基于乡村旅游规划中的开发与利用研究	李立安

续表

2019年	历史老城区保护传承规划设计	李勤等
2019年	紧凑城市的中国化范式	李顺成
2019年	街区制环境下的交通体系规划设计研究	李媛
2019年	基于虚拟现实实验的村落空间形态特征研究	连海涛等
2019年	以人为本规划的思维范式和价值取向——国土空间规划方法导论	梁鹤年等
2019年	生态城市规划与建设研究	廖清华等
2019年	城市空间导向信息系统规划与设计	刘朝晖
2019年	社区规划的社会实践——参与式城市更新及社区再造	刘佳燕等
2019年	城市规划大数据理论与方法	龙瀛等
2019年	城乡统筹背景下两江新区乡村发展问题与规划思考	卢地等
2019年	改革开放以来快速城市空间形态演变的成因机制研究：深圳和厦门案例	赵民
2019年	乡村景观发展与规划设计研究——以鲁中山区为例	吕桂菊
2019年	乡村振兴背景下的乡村景观发展研究	任亚萍等
2019年	松花江流域典型城市水域空间景观规划策略	孙洪涛等
2019年	活力规划	孙施文等
2019年	都市型绿道规划设计研究	孙帅
2019年	时空行为与郊区生活方式	塔娜
2019年	城市零售商业空间结构演变研究	谭怡恬
2019年	存量规划趋势下城镇低效建设用地再开发模式研究	谭永忠等
2019年	美丽乡村景观规划设计与生态营建研究	汤喜辉
2019年	新型城镇化下城镇空间结构优化研究——以河北省为例	王飞等
2019年	城市形象设计——以艺术视角介入城市设计	王豪
2019年	市场经济下城市土地用途规划控制研究	王卉
2019年	聚落形态的空间句法解释——多维视角的实验性研究	王静文
2019年	高密度区微型绿道空间体系建构	王琼
2019年	基于整体主义的城乡统筹规划设计	王忞
2019年	基于家庭通学出行的西安市小学服务圈布局研究	王侠
2019年	乡村规划新思维	王晓军
2019年	风景名胜区社区规划理论与实践	王应临
2019年	破碎化与孤岛化——传统文化景观的空间困境	王云才
2019年	景观与区域生态规划方法	王云才等
2019年	遗产保护性利用与旅游规划研究	吴承照等

续表

2019 年	国土空间规划	吴次芳等
2019 年	城乡边缘区空间细胞	夏方舟
2019 年	大城市绿带规划	熊国平
2019 年	秦巴山区乡村聚落规划理论与实践	许娟
2019 年	创意产业与自发性城市更新	许凯等
2019 年	历史城镇逆向空间——原理・方法・实践	袁犁等
2019 年	城市空间形态与空气污染治理	袁满
2019 年	商业街区的前世今生	臧涛等
2019 年	区域国土空间开发格局优化的概念框架和模式创新	张俊
2019 年	城市规划视野下的城市经济学	张倩
2019 年	城镇空间结构优化研究——以四川省为例	张勇
2019 年	当代城市设计理论及创作方法研究	钟鑫
2019 年	历史街区保护方法：都江堰西街历史文化街区保护利用模式	周俭等
2019 年	城市轨道交通影响大都市产业空间结构的机制研究：以北京市为例	周文通
2019 年	县域城乡聚落空间分异及其形成机制：以江苏省为例	朱彬
2019 年	走向可持续城市——APEC 案例与中国实践	朱丽等
2019 年	多代理人模拟：原理及城市规划应用	朱玮
2019 年	规划视角的中国小城镇模式	朱喜钢等
2019 年	街区制环境下的交通体系规划设计研究	李媛
2020 年	AI+ 新型智慧城市理论、技术及实践	杜明芳
2020 年	中国城镇公共空间的变迁与营建——以珠三角为例的研究	梅策迎
2020 年	正定古城：历史文化名城的保护与更新	倪春
2020 年	低碳城镇化空间布局与规划对策研究	欧阳慧
2020 年	城市空间布局与绿色低碳交通	潘海啸
2020 年	市县国土空间规划编制理论方法与实践	田志强等
2020 年	作为社会介质的城市公共空间	魏娜
2020 年	城市社区生活圈规划研究	孙道胜
2020 年	村庄规划	温锋华
2020 年	当代中国乡村规划体系框架建构研究	周游
2020 年	治理・规划	孙施文
2020 年	城市风险管理决策与规划	李响宇
2020 年	规划管理研究	李东泉

续表

2020 年	城市居住区规划的社会影响评价	张俊
2020 年	哈长城市群规划研究	肖金成
2020 年	大城市近郊山区保护与发展规划	熊国平
2020 年	国土空间规划	聂康才
2020 年	近现代中国城乡规划法律问题研究	牛锦红
2020 年	智能规划	吴志强
2020 年	乡愁和记忆视角下正定古城建筑色彩规划与设计研究	刘瑞杰
2020 年	城乡统筹规划	田莉
2020 年	现代商业网点规划理论与实践	朱皓云
2020 年	新型智慧城市资源与规划	万碧玉
2020 年	基于设计模拟工作坊的城市规划决策合意达成研究	黄杉
2020 年	国外空间规划法研究	王文革
2020 年	区域农业规划理论与实践	张斌等
2020 年	村镇规划理论与方法	耿虹等
2020 年	河网地区城市发展理论研究与防洪减灾规划应对	杨帆等
2020 年	中国特色空间规划的基础分析与转型逻辑	张国彪
2020 年	大城市安全发展与规划的应用地理学研究	修春亮等
2020 年	空间规划有效性评价	沈孝强
2020 年	全域土地整治功能单元规划研究	严金明等
2020 年	城市规划与生态文明建设	牛玥等
2020 年	城市规划中的社会研究	赵蔚等
2020 年	城市与区域规划模型系统	顾朝林等
2020 年	气候变化与城市绿色转型规划	王富平
2020 年	邻里范式	谭峥等
2020 年	保护与发展	赵宏宇等
2020 年	历史城区演变与宜居发展	赵鹏军
2020 年	土地利用视角下城市空间多维扩展研究	乔伟峰
2020 年	从“底线保护”走向“全面管控”	孙东琪
2020 年	街道的品质	韩笋生等
2020 年	城市设计如何落地？	林颖
2020 年	城市保护规划	张松
2020 年	城市风道量化模拟分析与规划设计	王伟武

续表

2020 年	城市更新与可持续发展	阳建强等
2020 年	未来城市地下空间开发与利用	雷升祥
2020 年	空间规划协调的理论框架与实践探索	魏广君
2020 年	城市空间战略平台构建	张健
2020 年	产权激励：城市空间资源再配置	黄军林等
2020 年	“紧凑”的城市	李琳
2020 年	健康导向下的城市绿地公平性研究	李咏华
2020 年	城市交通出行碳排放及其影响机理	杨文越
2020 年	城市地灾治理	沈体雁
2020 年	基于复杂适应系统理论的特色小镇空间发展研究	李娜
2021 年	创新型街区评价与发展模式	王静等
2021 年	社区规划师	刘佳燕
2021 年	国土空间规划原理	张京祥
2021 年	城市规划体系重构	谭纵波
2021 年	海洋空间规划与海岸带管理	刘大海
2021 年	城市生态空间构建与规划	郝丽君
2021 年	城镇群重大基础设施空间规划研究	崔东旭等
2021 年	图解城市规划	刘征
2021 年	基于治理和博弈视角的国土空间规划权作用形成机制研究	黄玫
2021 年	智慧景区规划建设与管理	贺剑武等
2021 年	西方城市规划思想史论	马武定
2021 年	南方典型海绵城市规划与建设	陈利群等
2021 年	京津冀城市群功能空间分布	阎东彬
2021 年	中国城市区域治理理论与实践	单卓然，张衔春
2021 年	大都市区空间结构模式研究	王超深
2021 年	大气污染治理与城市空间优化	蔺全录
2021 年	城市设计的空间思维解析	赵亮等
2021 年	文化・权力・空间	高小宇
2021 年	全国主体功能区战略实施评估方法及应用	张万顺
2021 年	中国城市群识别与空间组织研究	陈伟
2021 年	价值链视角下的城市空间演化研究	周韬
2021 年	老龄化背景下养老机构配置	欧阳虹彬

续表

2021 年	寻找地理空间的秩序	张福彦
2021 年	黄河三角洲城镇空间格局演变与重构	张东升等
2021 年	英国城市设计与城市复兴	杨震等
2021 年	城市进化与未来城市——回溯及展望	焦永利
2021 年	信息革命与智慧城市规划	王伟等
2021 年	中国城市群多中心治理机制研究——以长株潭城市群为例	张衔春
2021 年	“规土融合”——从技术创新走向制度创新	冯健等
2021 年	规画——中国空间规划与人居营建	武廷海
2021 年	多中心城市空间结构——概念、案例与优化策略	吴一洲
2021 年	生态城市与绿色交通——世界经验	陆化普
2021 年	大都市区土地配置机制及转型路径研究——以珠三角地区为例	雷诚
2021 年	以人为本的新时代城中村改造及其土地利用研究——基于浙江实践	朱凯

3.2.2 时间脉络与内容领域

对上述著作的主题及学术观点进行解析，可大致地将 2015 年后中国城乡规划类学术著作的内容划分为 8 个领域，分别是城市规划思想与设计方法、城乡规划跨学科技术应用、城乡规划制度与管理、城乡建设史与地域遗产保护、环境与健康规划、区域发展与城市化、社区发展与住房建设、乡镇规划等。总体来看，2015 年后的中国城乡规划类著作，聚焦于当代中国城乡规划理论与实践问题的解决路径和规划设计方法。“城市规划思想与设计方法”及“环境与健康规划”，是该时期规划类学术著作的两大重点领域（当然，这与著作名录的筛选标准有关，具有一定主观性）。其中，“环境与健康规划”领域的著作数量呈现出快速增长的势头，折射出中国生态文明建设的战略要求和转型需求（图 3-4）。

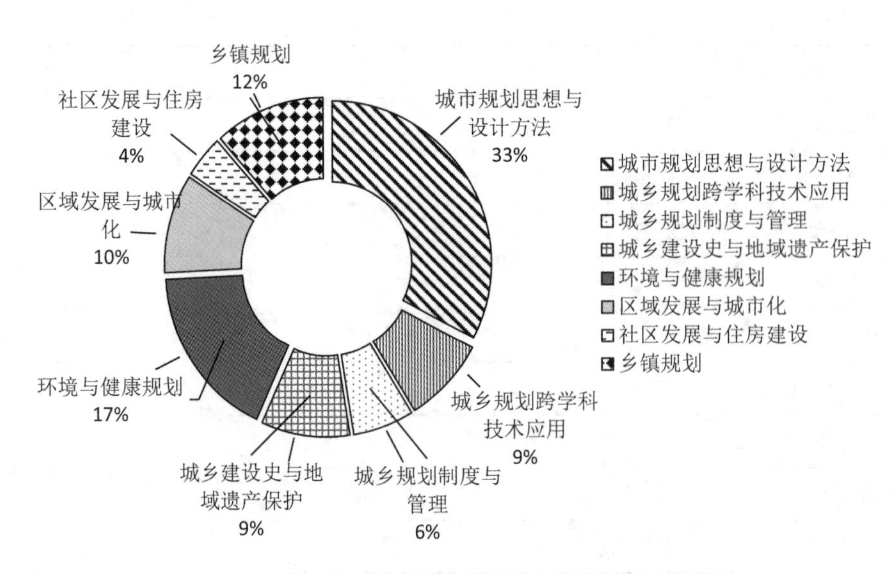

图 3-4 2015 年以来中国城乡规划类学术著作的主要内容领域

（图片来源：编著团队自绘）

对上述著作名称的语义词频进行分析，可以看出近5年来，我国城乡规划类著作依然紧紧地围绕在学科领域的主客观对象周边。一方面，“城市”“规划”“空间”是绝大多数著作关注的焦点，这在某种意义上也映射出学科研究与实践的内核。另一方面，规划类著作探究的主题范畴亦十分广泛：客体对象上从城市延伸至城镇、乡村以及城乡关系，社区、城市群（区域）层面渐现研究热潮；研究维度涵盖了生态、交通等多元要素；理念上兼具开发、保护与治理视角；内容上不仅关注传统的形态、结构与格局，还愈发重视对过程、机制、路径的揭示；研究范式既有技术方法的创新应用，也有理论模式的总结提炼，还有策略、规划设计的适应性建构。总体上，2015年后的规划类学术著作充分展现了牢固传统内核、拓展多元视野的发展特征（图3-5）。

图3-5　2015年以来中国城乡规划类学术著作的关注焦点（基于语义词频分析）

（图片来源：编著团队自绘）

进一步观察各内容领域的年度变化，不难发现：2015—2016年，学术著作关注的主要客体对象为乡村及村镇，探讨较多的要素为环境与景观，在建设语境下不断丰富着对城镇化过程及各类型空间形态的理解。2017—2019年，规划类学术著作更加重视对城乡关系的探讨，“生态”成为极为热门的关注要素，此外对历史保护及其价值的挖掘在业界产生了热烈反响。2019年以来，随着空间规划改革的逐步深入，对规划本体的探讨不断涌现，“规划”“空间规划”“国土”吸引了一大批专家学者的目光，进而对该背景下的区域发展（城市群）及协同关系（治理）展开了充分研究。

3.3　城乡规划通识启蒙类著作推介

3.3.1　著作选取依据

从浩瀚的中外城乡规划学术著作中，筛选通识启蒙类著作，并不是一件容易的事。一方面，部分知名专家学者已有类似推介，如张庭伟教授的“百年西方城市规划著作导读”、孙施文教授的“城市规划入门书目：基础·提升·高级”等，它们为本书中的著作引介工作奠定了良好基础。另一方面，力求客观、集思广益是十分重要的工作理念。为此，编著团队决定采用专家调查法完成此项任务，包括以下几项重要的步骤。

（1）拟定清单。团队以国内外广泛采用的各类规划类学术著作推介名录为基础，在汇总去重的基础上，结合头脑风暴、抽调问询等方式，拟定一份通识启蒙类著作的备选清单（约包括中外文著作 100 余部）。还有部分著作会在专家打分环节被增补进来（它们往往来源于某位专家的建议）。

（2）邀请专家。选取熟悉城乡规划及其相关专业发展脉络、长期从事一线科研及教学工作的 10 位业内权威专家，开展打分调查工作。以电子邮件或线下面访为主要沟通渠道，邀请专家对上述备选清单内的每一本著作打分。分数范围为 0~100 分。团队规定了打分的四项核心原则。

①通识性：著作内容是否具备鲜明的精神思想与人文情怀，是否突破了特定专业或狭小领域的限制，是否有利于广泛传播、全面普及与多学科使用。

②难易度：著作的阅读与理解，是否符合城乡规划本科阶段的知识储备水平，是否易于会意、记忆、消化与较完整阅读。

③时代性：著作的学术思想、核心观点或技术方法等，是否能有效地启迪当下及未来的城乡发展与规划建设，是否具备一定的知识转化潜力。

④影响力：著作是否具备较高的业界知名度，或是否对专业的相关理论与实践产生了重要影响。

考虑到本书的目标人群设定和希望发挥的效用，区分了四项评价原则的分数权重，分别为：著作通识性 30%、著作难易度 30%、著作时代性 20%、著作影响力 20%（表 3-4）。

表 3-4　备选著作的专家打分表

评价原则	标准分数（权重）	专家打分（著作得分）			
		著作 1	著作 2	…	著作 n
通识性	30（30%）	…	…	…	…
难易度	30（30%）	…	…	…	…
时代性	20（20%）	…	…	…	…
影响力	20（20%）	…	…	…	…
总　分	100	…	…	…	…

（3）征询反馈。整理、制作 100 余部备选著作的信息名录（以 PPT 形式呈现），包括著作封面、中外文名称、作者信息、出版社及出版年份等。与专家打分表一道发至特邀专家处。待 10 位专家均反馈后，计算每部著作的平均得分。筛选出平均分 70 分以上的著作，将结果名录反馈给专家发表意见。经过多轮修正，收敛为具有相对共识性的推介名单。

3.3.2　推介著作名录

最后，共有 40 本著作入选本团队推介的城乡规划通识启蒙类著作名录（表 3-5）。

表 3–5　本书推介的城乡规划通识启蒙类著作名录

编号	著作名称（中文或中译文）
1	城记
2	采访本上的城市
3	城市的胜利
4	城市的形成：历史进程中的城市模式和城市意义
5	看不见的城市
6	四维城市：城市历史环境研究的理论、方法与实践
7	城市与人：一部社会与建筑的历史
8	全球城市史
9	城市：它的发展 衰败与未来
10	落脚城市
11	全球城
12	历史的地理枢纽
13	郊区国家：蔓延的兴起与美国梦的衰落
14	城市和区域规划
15	明日的田园城市
16	光辉城市
17	城市意象
18	城和市的语言：城市规划图解词典
19	街道的美学
20	芝加哥规划
21	城市密码：观察城市的 100 个场景
22	规划笔记
23	街道与广场
24	寻找失落空间：城市设计的理论
25	城市营造：21 世纪城市设计的九项原则
26	人性场所：城市开放空间设计导则
27	伟大的街道
28	庇护所
29	美国大城市的死与生
30	未来美国大都市：生态·社区·美国梦
31	交往与空间
32	人性化的城市
33	江村经济

续表

编号	著作名称（中文或中译文）
34	乡土中国
35	比特之城
36	网络社会的崛起
37	空间的力量：地理、政治与城市发展
38	设计结合自然
39	中国古典园林分析
40	城市色彩——一个国际化视角

将 40 本著作的导读材料集中在一部著作中，无疑是较为困难的，同样也不利于使用。考虑到篇幅、可读性等诸多因素，本书从中选取了 10 部著作进行导读引介（表 3-6），剩余的 30 部著作将再另立它书、陆续导读。

表 3-6　本教材导读的著作名录

著作的中文或中译文名称（为若干译名之一）	原著名称	原著作者
城市意象	*The Image of the City*	Kevin Lynch
美国大城市的死与生	*The Death and Life of Great American Cities*	Jane Jacobs
城记	城记	王军
城市和区域规划	*Urban and Regional Planning*	Peter Hall
明日的田园城市	*Tomorrow: A Peaceful Path to Real Reform*	Ebenezer Howard
街道的美学	街並みの美学	あしはら よしのぶ
江村经济	*Peasant Life in China: A Field Study of Country Life in the Yangtze Valley*	费孝通
设计结合自然	*Design with Nature*	Ian McHarg
芝加哥规划	*Plan of Chicago*	Daniel Hudson Burnham
城市的胜利	*Triumph of the City*	Edward Glaeser

第 4 章

《城市意象》导读

4.1 信息简表

《城市意象》信息如表 4-1 所示，其部分版本的著作封面如图 4-1 所示。

表 4-1 《城市意象》信息简表

The Image of the City				
原著作者	[英文名] Kevin Lynch [中译名] 凯文·林奇			
译名	[中]《城市意象》《城市的印象》《城市的意象》			
主要版本		译者	出版时间	出版社
美原著	第一版	—	1960 年	The MIT Press
中译著	第一版	项秉仁	1990 年	中国建筑工业出版社
	第二版	方益萍，何晓军	2001 年 4 月	华夏出版社
	第三版		2017 年 7 月	

图 4-1 部分版本的著作封面

（图片来源：编著团队根据出版社封面原图扫描或改绘）

4.2 作者生平

4.2.1 成长经历及其影响

凯文·林奇（Kevin Lynch，1918—1984），1918 年出生在美国芝加哥的一个富裕家庭，父母是第二代爱尔兰居民。林奇曾就读于美国当时一流的学校——弗朗西斯·帕克中学。这所中学由弗朗西斯·帕克（Francis W. Parker）创建，深受约翰·杜威教育哲学的影响，课程设置和教学方法具有创新性和启发性，拥有一群相当出色的教师。

林奇曾在耶鲁大学师从现代主义四大师之一的美国建筑师弗兰克·劳埃德· 赖特(Frank Lloyd Wright，1867—1959，流水别墅[1]的设计者，流水别墅位于美国匹兹堡市郊区的熊溪河畔），并最终成为麻省理工学院的规划教授，任教于麻省理工学院建筑规划学院长达三十年。他帮助建立了麻省理工学院城市规划系，并将之发展成为世界上最著名的建筑学院之一。1988 年，他的家人、朋友和同事为了纪念他，以他的名义设立了凯文·林奇奖学金，用以奖掖后进和资助建筑学院的图书馆。

在 20 世纪的美国，林奇被称为杰出的人本主义城市规划理论家。他的理论开拓了研究城市设计理论的一块新天地，影响了现代城市设计、城市规划、建筑、风景园林等各个学科的建设和发展。林奇于 1990 年被美国规划协会授予“国家规划先驱奖”。

4.2.2 “站在巨人的肩膀上”

凯文·林奇的城市设计思想是“站在巨人的肩膀上”形成和发展起来的。林奇把赖特看作对自己一生影响巨大的人。虽然林奇并不同意赖特的社会哲学，并认为赖特的思想相对落后，社会观点具有强烈的个人主义色彩，但他仰慕赖特在设计与形式方面的才华，并曾说过是赖特让他“第一次看见了世界”。

刘易斯·芒福德[2]（Lewis Mumford，1895—1990）对林奇的城市设计思想也有着重要的影响。林奇在评价芒福德时曾经说过：“在规划领域内，没有其他人对我有如此深远和持久的影响。”甚至，林奇对城市规划专业产生兴趣都是由于读了芒福德的《城市文化》（*Culture of Cities*）一书，并因此重返院校，进入麻省理工学院攻读了城市规划学位。

4.3 历史背景

在 19 世纪与 20 世纪交替之际，美国的城市规划以传统的城市景观设计方法和花园城市理论为基础。传统城市景观设计理论强调，城市可以并且应当进行城市设计。因为人类要想拥有健康美好的生活，就必须要创造美好而有秩序的环境。这一理论认为，一个美好的城市可反映出一个良好的社会；它向市民逐渐灌输对自己城市的自豪感和责任心，从而提高道德和社会的意识。与此同时，在大西洋彼岸则是埃比尼泽·霍华德[3]（Ebenezer Howard，1850—1928）的“花园城市”思想，主张要在工业化的不列颠创造健康的社区。直到 20 世纪五六十年代，众多社会学家开始对其在设计中所体现的“形态决定论”表示公开质疑和强烈挑战。就是在这样的时代背景下，凯文·林奇进入了麻省理工学院（MIT）并成为一名年轻教师，开始了他致力于一生的城市设计的研究工作[2]。

1 世界著名的建筑之一，它位于美国宾夕法尼亚州匹兹堡市费耶特县米尔润市郊区的熊溪河畔。别墅的室内空间处理也堪称典范，室内空间自由延伸，相互穿插，内外空间互相交融，浑然一体。

2 美国社会哲学家，他极力主张科技社会同个人发展及地区文化上的企望必须协调一致。1943 年受封为英帝国爵士，获英帝国勋章。1964 年获美国自由勋章。

3 20 世纪英国著名社会活动家、城市学家、风景规划与设计师、“花园城市”之父、英国“田园城市”运动创始人。1850 年 1 月 29 日生于伦敦，1928 年 5 月 1 日卒于韦林。

4.4 内容提要

凯文・林奇通过对美国波士顿、泽西城和洛杉矶三座城市的深入调查和研究，撰写了《城市意象》一书，并通过此书向全世界宣扬了他对城市设计的新主张。他在书中所提出的道路、边界、区域、节点和标志物，成为此后城市设计的五项重要元素。

《城市意象》主要讲述了城市的面貌及它的可变性与重要性（图 4-2），同时，强调了城市景观在城市众多角色中的重要地位，是人们可见、可忆和可喜的源泉。正如巩帆所总结：

“该书从完整的理论层面对城市意象及环境景观意象进行了论述，并选取波士顿、泽西城和洛山矶这三个美国城市作为研究对象，通过城市意象的调研和归纳，从物质形态方面总结出城市意象的5个要素：路径、边界、区域、节点、标志物。凯文・林奇这一理论的提出，唤起了人们对于城市可识别性和可读性的关注，从认识和体验的角度探讨了城市意象的营构问题，对后世城市意象及景观意象的研究影响深远。”（摘录自《阆中古城景观意象研究》，巩帆，2016 年）

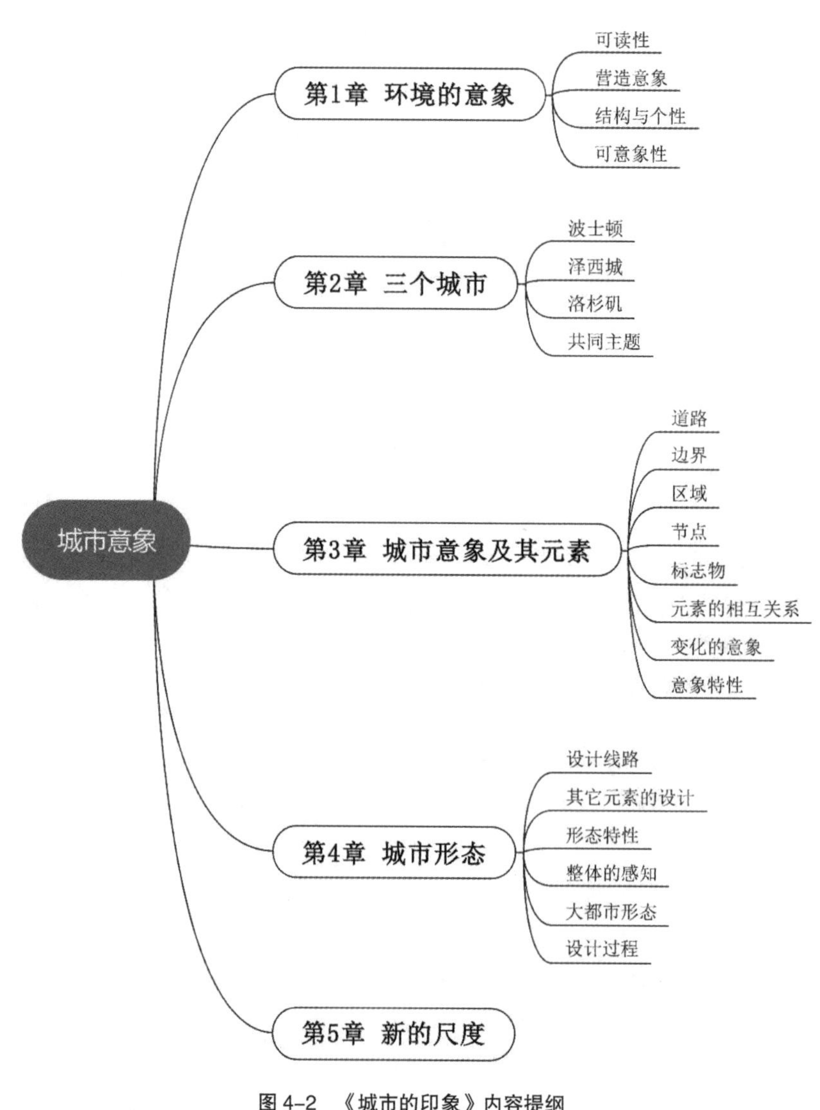

图 4-2 《城市的印象》内容提纲

（图片来源：编著团队自绘）

4.4.1 环境的意象

凯文·林奇认为环境意象是观察者与所处环境双向作用的结果。何俊花等人总结道：

“他在书中通过研究城市在市民心中的印象，分析美国城市的视觉品质，主要着眼于城市景观表面的清晰或是‘可读性’，以及容易认知城市各部分并形成一个凝聚形态的特性。”（摘录自《可意象的城市——解读〈城市意象〉》，何俊花等，2009 年）

曼哈顿城市结构的秩序，波士顿弯曲神秘的道路，这些环境的可识别性内涵（图 4-3）都让凯文·林奇感到记忆深刻。正如他在书中所说：

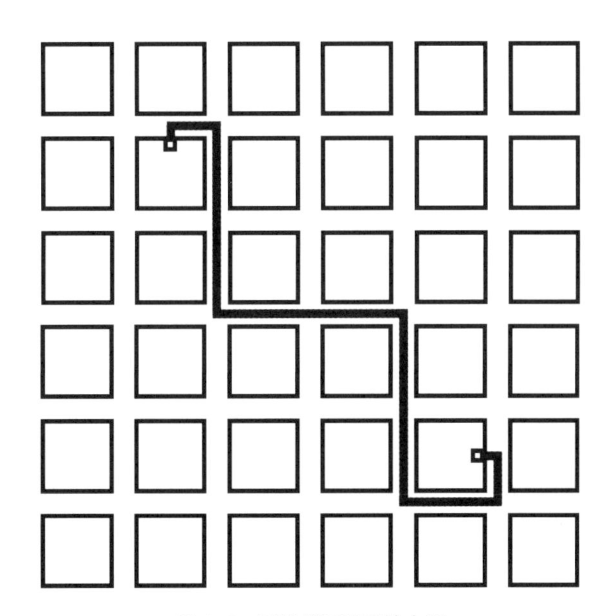

图 4-3 环境的可识别性内涵

（图片来源：根据本章参考文献 [1] 相关内容改绘）

“一个可读的城市，它的街区、标志物或是道路，应该容易认明，进而组成一个完整的形态。

环境意象经分析归纳，由三部分组成：个性、结构和意蕴，尽管在现实中他们通常同时出现，这里还是很有必要对其进行抽象分析。一个可加工的意象首先必备的是事物的个性，即其与周围事物的可区别性，和它作为独立个体的可识别性，这种个性具有独立存在的、惟一的意义。其次，这个意象必须包括物体与观察者以及物体与物体之间的空间或形态上的关联。最后，这个物体必须为观察者提供实用的或是情感上的意蕴，这种意蕴也是一种关系，但完全不同于空间或形态的关系。”（摘录自《城市意象》凯文·林奇著，方益萍、何晓军译，2001 年）

4.4.2 三个城市

凯文·林奇为验证提出的观点和方法，对三座城市中心区进行了分析，分别是马萨诸塞州的波士顿、新泽西州的泽西市、加利福尼亚州的洛杉矶。

“在这三个城市中进行的两个基本分析是：

1. 让一位受训的观察者对地区进行系统的徒步实地考察，在地图上绘出存在的各种元素以及它们的可见性、意象的强弱、相互的联系和中断等其他的因素，并且标明对形成潜在的意象结构特别成功或十分不利的地方。以上这些都是基于即时出现元素进行的主观判断。

2. 选取一小组的城市居民进行较长时间的访问，获取他们对物质环境的自身意象。调查内容包括要求被访者描述、定位、勾草图，以及对虚构旅程的演习，被访者要求在这个地区内长久居住或工作，居住和工作的地点散布在被研究区域的不同地方。

在波士顿总共有约 30 人接受调查，在泽西城和洛杉矶分别访问了 15 人。波士顿的基本分析还补充了照片识别的测试、实地的行程、对路上行人的大量问路调查，细致的实地考察还包括了波士顿景观的几个特殊元素。”（摘录自《城市意象》凯文·林奇著，方益萍、何晓军译，2001 年）

对于波士顿，作者选择的研究地点为马萨诸塞大街以里中央半岛部分。该地区历史悠久，充满了欧洲风情，在诸多美国城市中显得十分特殊。它包括大都市区的商业中心和几个高密度的居住区，其中有贫民窟，也有高级住宅。作者通过调研后认为“波士顿的区域生动性带来了道路的混乱；和我们对别的城市的研究一样，道路总是在整座城市的印象中起到决定性的作用”“但是，本来和大多数的美国城市一样平庸的后湾规则方格网，却因与整个图形的其余部分相对比，反倒成为波士顿的特色了”。

凯文·林奇认为，如果波士顿地区能够拥有清晰的结构和各异的特色（图 4-4），那么它的生动性还会大大加强。

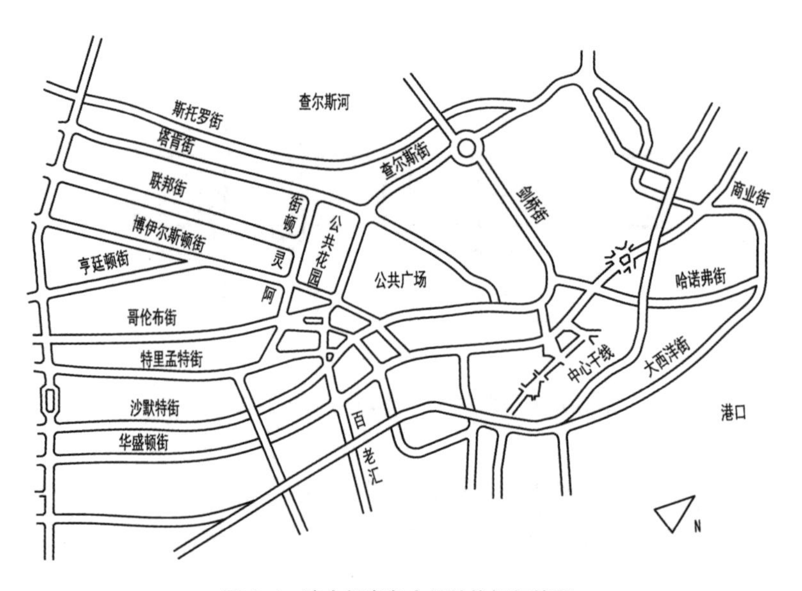

图 4-4　波士顿半岛空间结构框架简图

（图片来源：根据本章参考文献 [1] 相关内容改绘）

泽西市位于纽瓦克和纽约之间，是这两座城市的边缘地带，几乎没有自身的功能中心。“铁路及公路贯穿其间，穿越气氛强于居住气氛。”整座城市被佩利塞得岩壁切断，由不同种族和阶层的住宅区组成。“因此，这座城市没有一个单一中心而是有了四五个中心。”十字交叉的铁路线和高架快速线，使它看起来更像是一个路过的地方而不是能够居住的地方（图 4-5）。在泽西市这种难以辨认的环境中，需要借助的不仅仅是使用功能，而更多依赖的是功能的渐变，或是结构变化的相对状态。正如作者在书中所写：

“即使是久居于此的当地居民，对这里的环境也表现出不满，没有方向感、无法描述或是难以辨别局部，他们的意象也反映出这里可意象性较低的事实。但纵然是这样一个看起来混乱的环境，事实上也存在一些形态，人们掌握了这种形态，并着力于一些小的线索来详细描述这种形态，把大家的注意力从物质外观上转移到别的一些方面中去。”（摘录自《城市意象》凯文·林奇著，方益萍、何晓军译，2001 年）

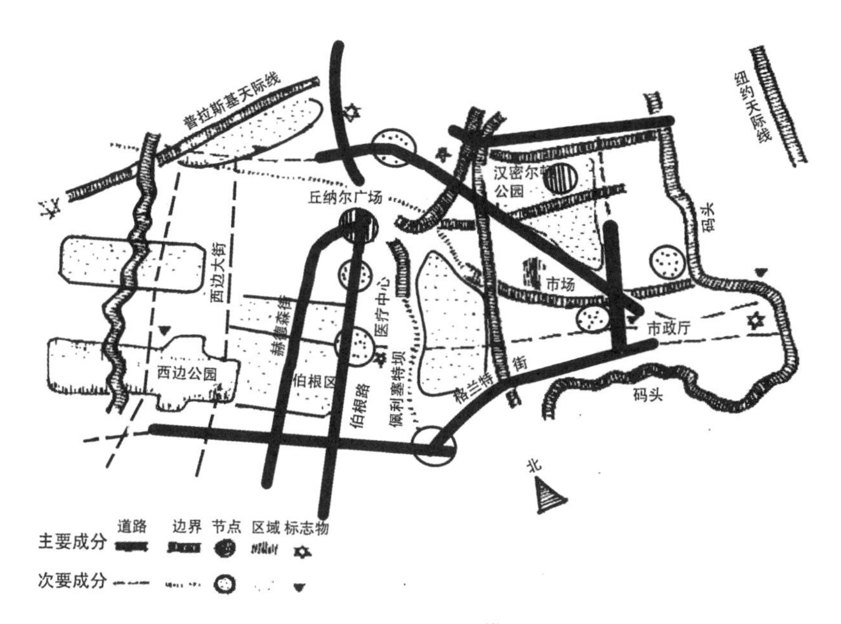

图 4–5 泽西城线描图

（图片来源：根据本章参考文献 [4] 相关内容改绘）

洛杉矶，位于大都市区的中心地带，与波士顿完全不同，呈现的是另外一种景象（图 4-6）。与波士顿和泽西市相比，洛杉矶的研究区域只包括中心商业区和它的边缘。被访者对这一地区的熟悉并不是因为居住在此，而是因为他们在这一地区的某家办公室或商店工作。这里的人们对古旧事物的情感依附似乎比守旧的波士顿还要强烈。不过洛杉矶的城市意象中似乎十分缺乏波士顿中心那种可识别的特征、稳定性和令人愉快的意蕴。“很难在这样大的范围内形成结构的识别。缺乏大小适中的区划，道路混乱，人们一离开习惯路线就迷失方向，于是只好求助于路牌。”凯文・林奇认为，“结构上最有决定意义的中间联系是一些中等尺度的地区的可印象性。”而对于洛杉矶这座城市而言，这些地区恰好是“很弱的方面”。

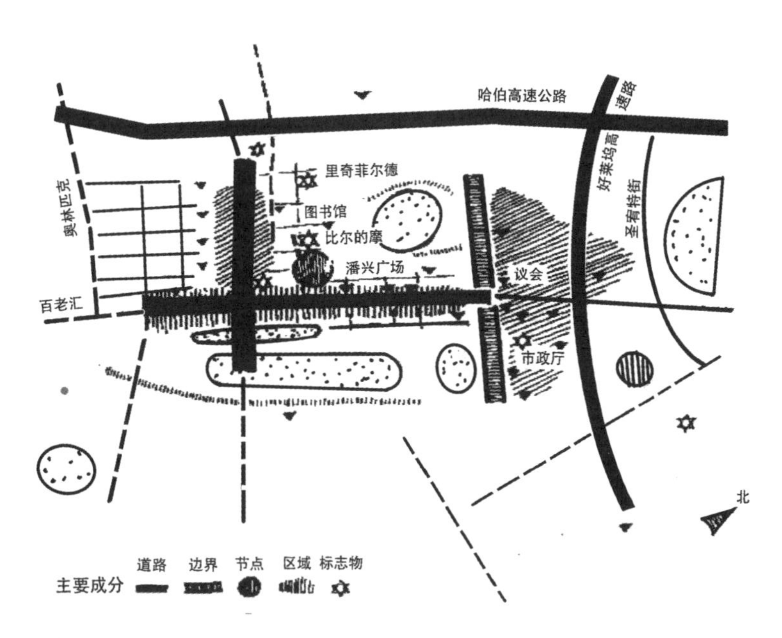

图 4–6 洛杉矶线描图

（图片来源：根据本章参考文献 [4] 相关内容改绘）

4.4.3　城市意象及其元素

（1）道路（path）

2010年出版的《汽车百科全书》中对“道路”一词进行了如下的定义（图4-7）：道路从词义上讲就是供各种无轨车辆和行人通行的基础设施，其类别按照使用特点可分为公路、城市道路、乡村道路、厂矿道路、林业道路、考试道路、竞赛道路、汽车试验道路、车间通道以及学校道路等；在古代中国，驿道也是道路的一种。道路是城市中的绝对主导元素，特殊的道路是重要的城市意象。

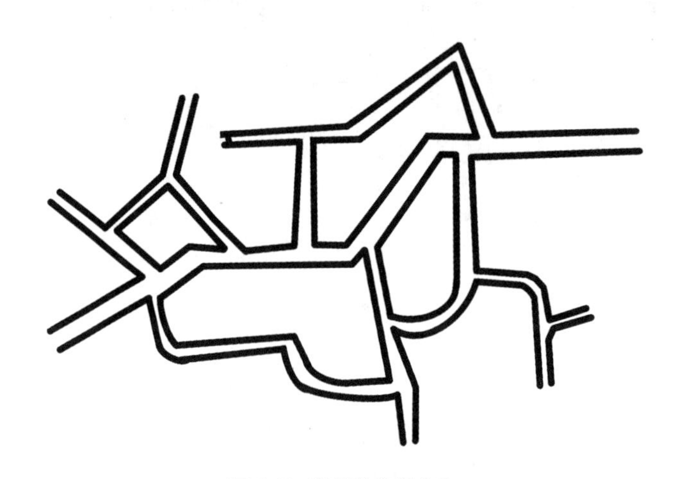

图4-7　道路的空间含义

（图片来源：根据本章参考文献[4]相关内容改绘）

“特定的道路可以通过许多种方法变成重要的意象特征。经常穿行的道路当然具有最强的影响力，所以一些主要的交通线都会成为关键的意象特征。”

“典型的空间特性能够强化特定道路的意象，凭直觉，无论很宽还是很窄的街道都会吸引人的注意。”

“道路只要可以识别，就一定具有连续性，这显然也是其功能的需要，人们通常依赖的就是道路的这种特性。机动交通和人行线路的通畅是基本的要求，其他特征的延续相对次要。”（摘录自《城市意象》凯文·林奇著，方益萍、何晓军译，2001年）

（2）边界（edge）

除道路以外的线性要素，它们通常是两个地区的边界，连续中的“线状突变”（图4-8）。

“边界是线性要素，但观察者并没有把它与道路同等使用或对待，它是两个部分的边界线，是连续过程中的线形中断，比如海岸、铁路线的分割，开发用地的边界、围墙等，是一种横向的参照，而不是坐标轴。这些边界可能是栅栏，或多或少地可以互相渗透，同时将区域之间区分开来；也可能是接缝，沿线的两个区域相互关联，衔接在一起。这些边界元素虽然不像道路那般重要，但对许多人来说它在组织特征中具有重要作用，尤其是它能够把一些普通的区域连接起来，比如一个城市在水边或是城墙边的轮廓线。”（摘录自《城市意象》凯文·林奇著，方益萍、何晓军译，2001年）

赋予边界一定的城市功能是增加边界可识别性的方法。例如，在滨水地区设置娱乐功能以提高边界的可达性和使用程度。

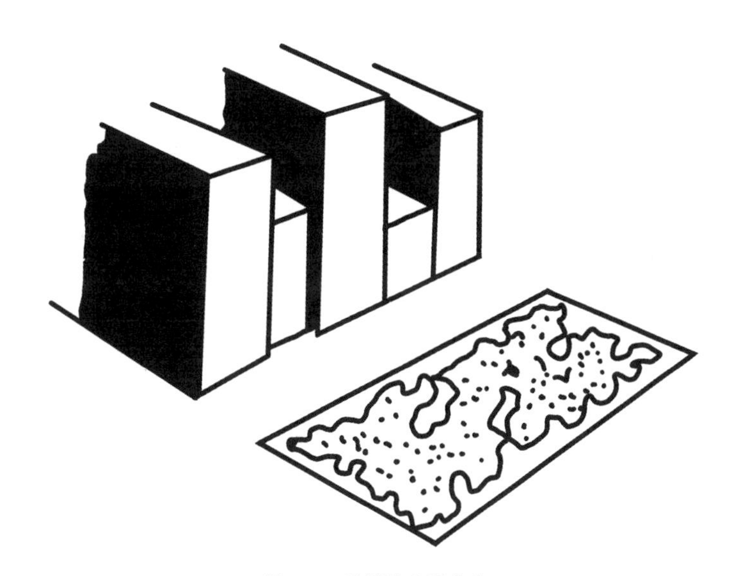

图 4-8　边界的空间含义

（图片来源：根据本章参考文献 [4] 相关内容改绘）

“泽西城的滨水地带也有一个明确的边界，但它是一个用铁丝网围起来的无人涉足的禁区。无论是由铁路、地形变化、高速公路或是地区界线形成的边界，都是环境中十分典型的特征，有助于划分区域。”

“尽管边界的连续性和可见性十分关键，但强大的边界也并非无法穿越。许多边界是凝聚的缝合线，而不是隔离的屏障……”

“边界有时也可能和道路一样具有方向性，比如查尔斯河作为边界，和位于两侧水面的城市有显著的差异，而贝肯山又构成了边界端部之间的差异。不过，大多数的边界不具备这一特性。”（摘录自《城市意象》凯文·林奇著，方益萍、何晓军译，2001 年）

（3）区域（district）

“区域是城市内中等以上的分区，是二维平面，观察者从心理上有‘进入’其中的感觉，因为具有某些共同的能够被识别的特征。这些特征通常从内部可以确认，从外部也能看到并可以用来作为参照。在一定程度上，大多数人都是使用区域来组织自己的城市意象，不同之处在于他们是把道路还是把区域放在主导地位，这一点似乎因人而异，而且与特定的城市有关。”（图 4-9）

“要创造一个强烈的意象，必须对线索进行一定的强化。现实中更常见的情况是，存在一些特别的符号，但还不足以形成充分的主题单元。因此，只有熟悉城市的人才能够识别这个区域，它缺乏视觉上的力量和影响。”

“……边界似乎还有一个次要的作用，它们可以限定区域，增强其特性，但很明显它们无法构成区域。边界有可能扩大区域无序分割城市的趋势。在波士顿有少数人感觉到，大量鲜明的区域是使城市呈现无组织状态的原因之一，强硬的边界，阻碍了区域之间的过渡，可能给人更增添了混乱的印象。

那种围绕一个强烈的核心，主题单元向外渐弱、递减的区域，并不少见。事实上，有时一个强烈的节点在更大的相似地带范围内，仅仅通过‘辐射’，即接近节点的方式，也可能形成一种区域……”（摘录自《城市意象》凯文·林奇著，方益萍、何晓军译，2001 年）

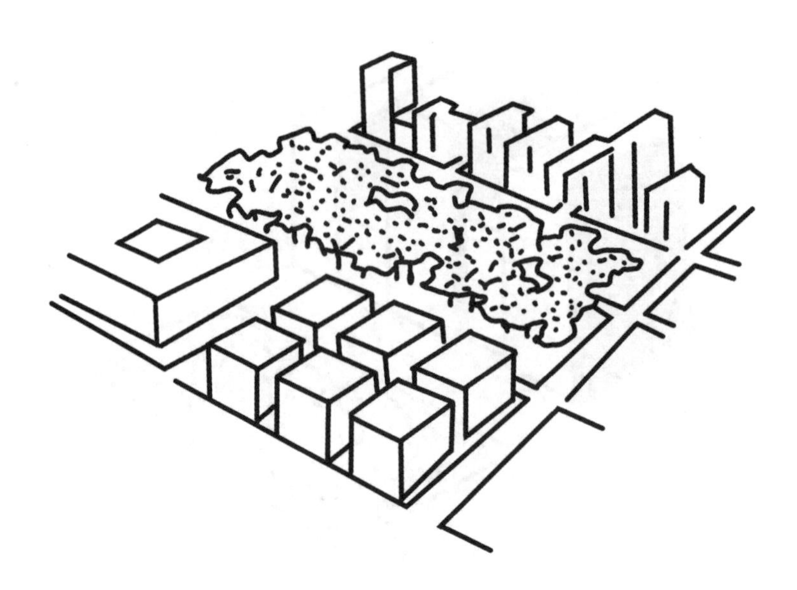

图 4–9　区域的空间含义

（图片来源：根据本章参考文献 [4] 相关内容改绘）

（4）节点（node）

凯文・林奇在书中对节点（图 4–10）这一概念有如下的描述：

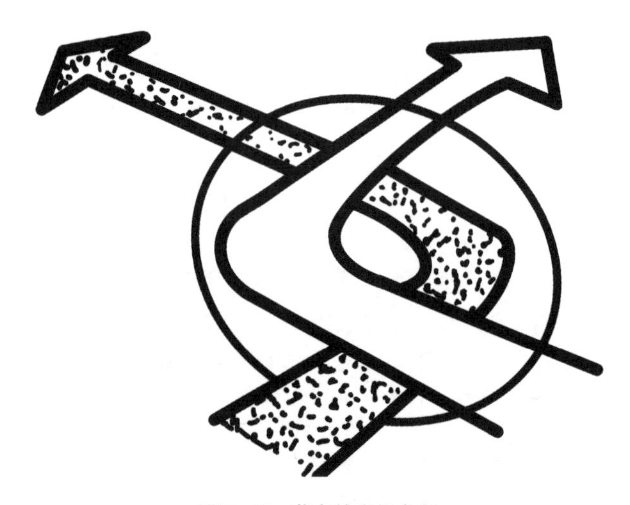

图 4–10　节点的空间含义

（图片来源：根据本章参考文献 [4] 相关内容改绘）

“节点是在城市中观察者能够由此进入的具有战略意义的点，是人们往来行程的集中焦点。它们首先是连接点，交通线路中的休息站，道路的交叉或汇聚点，从一种结构向另一种结构的转换处，也可能只是简单的聚集点，由于是某些功能或物质特征的浓缩而显得十分重要，比如街角的集散地或是一个围合的广场。某些集中节点成为一个区域的中心和缩影，其影响由此向外辐射，它们因此成为区域的象征，被称为核心。”

“……节点与道路的概念相互关联，因为典型的连接就是指道路的汇聚和行程中的事件。节点同样也与区域的概念相关，因为典型的核心是区域的集中焦点，和集结的中心。无论如何，在每个意象中几乎都能找到一些节点，它们有时甚至可能成为占主导地位的特征。”

“连接点或是交通线的中断处，不容置疑地对城市的观察者有一定的重要性，因为人们必须在此做出抉择。他们在此会集中自己的注意力，对连接点附近的元素了解得更加清楚。大量事实也不断证明，位于连接点的元素由于其位置的特殊性，自然而然地被假设具有了特别的重要性。”（摘录自《城市意象》凯文·林奇著，方益萍、何晓军译，2001 年）

（5）标志物（landmark）

由于标志物是从一大堆可能元素中被挑选出来的，因此其关键的物质特征具有单一性，在某些方面具有唯一性，或是在整个环境中令人难忘（图 4-11）。

图 4-11　标志物的空间含义

（图片来源：根据本章参考文献 [4] 相关内容改绘）

如果标志物有清晰的形式，要么与背景形成对比，要么占据突出的空间位置，那它就会更容易被识别。

“标志物是观察者的外部观察参考点，有可能是在尺度上变化多端的简单物质元素。似乎存在一种趋势，越是熟悉城市的人越要依赖于标志物系统作为向导，在先前使用连续性的地方，人们开始欣赏独特性和特殊性。”

“使元素成为标志物，空间所起的作用重大。通常有两种方式，其一，使元素在许多地点都能够被看到；第二，是通过与邻近元素退让或高度等的变化，建立起局部的对比。”

“标志物有可能孤立存在，就是没有其它辅助因素的单一事物。除非体量巨大或是非常独特，这种标志的参照作用一般比较模糊，常常被错过，需要仔细寻找，比如人们要集中精力去寻找单个交通信号灯或是街道名称。更多的情况下，人们记忆中的是区域的一组节点，它们之间通过重复而相互强化，并根据前后关系进行识别。”（摘录自《城市意象》凯文·林奇著，方益萍、何晓军译，2001 年）

正如凯文·林奇在书中总结的：

“处于不同的观察环境中，某个特定客观事物的意象类型偶尔也会发生改变。快速路对司机来说是道路，而对行人来说则是边界；一个中等规模的城市，其中心区可能是一个区域，而对于整个大都市地区来说，它只能是一个节点。不过这种分类对位于特定层面的某个特定观察者来说，似乎是固定不变的。

在现实中，上述个别分析的元素类型都不会孤立存在，区域由节点组成，由边界限定范围，通过道路在其间穿行，并四处散布一些标志物，元素之间有规律地互相重叠穿插。如果说我们的分析是从对基础材料分门别类开始的话，那么它最终必将重新统一成一个整体意象……”（摘录自《城市意象》凯文·林奇著，方益萍、何晓军译，2001 年）

4.4.4 城市形态

城市在不断发展，其经济、文化、政治的历史也在不断地交错变化，造就了佛罗伦萨的鲜明特色，即使纵观全世界，这种特征鲜明的城市仍然相当少。可意象的村庄或是城市区域众多，但能够呈现出一种连贯的强烈意象的城市在全世界恐怕也不超过三十个。

大城市设计的线索还可以用其他方法进行归纳，如单一性、形态的简明性、连续性、统治性、结合的明确性、方向差别、视野、运动知觉、时间序列、名称和意义。

①单一性：或称作图底分明，是指城市界线鲜明（比如城市发展的突然终止）、封闭（比如围合的广场）；表面、形状、密度、复杂性、体量、功能、空间位置的相互对比，相对比的可能是即时可见的环境，也可能是观察者的经验。

②形态的简明性：指可见形态在几何意义上有限的部分（如一个网格体系、一个矩形、一个穹顶）的清楚和单纯。这些形式很容易给人带来强烈意象。

③连续性：指边沿或表面的连续（比如街道、城市轮廓或后退红线）；各部分的接近（比如一组建筑），有节奏的间隔重复（比如不断出现的街角）；表面、形状或是功能的类似、相同或协调（比如使用相同的建筑材料，凸窗的反复出现，雷同的集市，以统一形式出现的标牌等）。

④统治性：指城市某一部分在规模、密度或重要性上超出其他部分而占据统治地位，由此我们看到的整体将是一个城市的基本特征，附带与之相关联的组群（比如“哈佛广场”地区）。

⑤结合的明确性：连接点和拼缝的可见性（如主要交叉口、海滨等）及相互连接的清晰明确（如建筑与地基，地铁车站和地面街道）。这些连接在结构中很关键，因此必须是清晰可见的。

⑥方向差别：指参照物的不对称、渐变和放射状的特征，能够区别元素的两个端头（比如一条上山、远离大海、通向市中心的路）、两个侧边（比如面临公园的建筑），或是两个主要方向（可以通过太阳的方位，或是南北大道与东西街宽度的不同来确定）。

⑦视野：指实际或象征性地扩大视野宽度和深度的性质。

⑧运动知觉：指通过视觉和动觉，通过观察者自身实际的或潜在的运动产生感知的性质。这些性质加强和发展了观察者解释方向、距离以及在运动中感知环境的能力。

⑨时间序列：指通过时间感知变迁的序列，不仅包括简单的项与项之间的连接，即某个元素与前、后两个元素简单的交织，而且包括那些确实是及时建造而因此具有韵律特性的序列（比如标志能强化形态，最终形成一个高潮点）。

⑩名称和意义：增强构成因素印象性的非具象特征。

凯文·林奇在书中对于这些性质解释道：

“上述所有这些特性并非孤立地发生作用，如果只有一种特性单独存在（比如除了建筑材料相同，没有别的相同特征），或是特性相互抵触（比如两个建筑式样相同的地区，功能却不同），最终的意象就会被弱化，还需要付出努力来进行识别和组织。存在一定量的重复、冗余和强化似乎非常必要。综上所述，一个区域如果具有简单的形状，一致的建筑式样和功能，明确的边界，并且在城市中独一无二，与周围区域连接清晰，在视觉上突出，那么这个区域的存在一定不容置疑。”（摘录自《城市意象》凯文·林奇著，方益萍、何晓军译，2001 年）

4.4.5 新的尺度

凯文·林奇在书中归纳了城市意向的五种构成因素，并详细讨论了它们的性质和相互关系。书中主要是对美国三座城市中心区的形态以及公共印象的分析，这些分析运用了现场踏勘法和对公众印象进行调查取样的方法。

“意象是观察者和被观察事物之间双向过程作用的结果，其中设计者可以操作的外部物质形式起着主要的作用。”（摘录自《城市意象》凯文·林奇著，方益萍、何晓军译，2001 年）

今天看来，大尺度的可意象环境已经很少，但城市依然离不开它。明确的是，一座城市的形态不会显现出巨大、分层的秩序，因为它要适应数以万计身在其中的居民的感知习惯。正如凯文·林奇在书中所述：

“今天，大尺度的可意象环境非常稀少，然而现实生活中的空间组织、运动速度、新建项目的速度和尺度，都使得通过有意识的设计来建立这样的环境成为可能和必要。”

“有一点十分明确，一座城市或大都市的形态将不会展示一些巨大、分层的秩序。它将是一种复杂的模式，连续完整，却又复杂易变。适应数以万计市民的感知习惯，它应该具备可塑性，对于功能和意义的改变不加限制，同时又能包容新形象的生成，它必须鼓励它的观众来探索这个世界。”（摘录自《城市意象》凯文·林奇著，方益萍、何晓军译，2001 年）

4.5 学术思想

董禹在其对凯文·林奇人文主义城市设计思想的研究中指出：

“所谓‘城市意象’，是指由于周围环境对居民的影响而使居民产生对周围环境的直接或间接的经验认识空间，是人的大脑通过想象可以回忆出来的城市印象，也是居民头脑中的‘主观环境’空间。在一座城市中，大多数城市居民心中拥有的共同印象，即在单个物质实体、一个共同文化背景以及一种基本生理特征三者的相互作用过程中，希望可以达成一致的领域”。[6]（摘录自《凯文·林奇人文主义城市设计思想研究》，董禹，2008 年）

《城市意象》一书，通过比较分析城市空间形态建成实际状况与城市空间形态政策的适合程度，寻找空间背后支持政策的种种目的和动机，总结其价值标准并进行划分。凯文·林奇认为，决定城市空间形态的价值标准存在，并将其划分为五种类型。随后他进一步指出，在五种价值标准中，“具有强大作用的价值标准”与“隐性价值的价值标准”共同组成城市形式政策制定的核心目的——核心价值标准。

4.6 著作影响

《城市意象》一书是城市意象研究的里程碑。凯文·林奇在数十年前为我们展示了一个新的评价城市形式的方法，首次提出了通过视觉感知城市物质形态的理论，是对大尺度城市设计领域的一个重大贡献。可以说，凯文·林奇的理论开拓了研究城市设计理论的一块新天地，它影响了现代城市设计、城市规划、建筑、风景园林等各个学科的建设和发展。首先，凯文·林奇将城市视觉形态作为一种特殊且相当新的设计问题提出；其次，他提出了一种可以在城市尺度方面处理视觉形态的方法，以及一些城市设计中的首要原则。

在今天的城市建设过程中，我们生活在城市中的市民，包括很多城市规划师和建筑师，都没有完全认识到城市设计的重要性。书中列举的三座城市以及在城市发展中产生的问题，或多或少都还存在于我们生活的城市中。而凯文·林奇告诉了我们，如果我们能及时从意象的角度看城市，或许会在城市建设的道路上少走一些弯路。

4.7 难点释义

4.7.1 城市意象“五要素”及其关系

（1）道路

道路是城市中一切能够步行、行驶车辆，或者经过的通道，包括大街、步行道、公路、铁路、运河等。人们沿着这些通道在城市里运动、停留、观察城市。道路通过自身的特征和道路网络的特征两种方式给人留下印象。如果主要道路缺乏个性，或容易互相混淆，那么就很难形成城市的整体意象。

道路只要可识别，就一定是连续的。此外，道路还应有方向性，通过一些特征在某一方向上累积的规律渐变，沿线的两个方向能够被容易区分。具有方向性之后，下一步就应该具有可度量性，使人们能够确定自己在整个行程中的位置。

（2）边界

边界是城市中连续又无法穿越的分割线。边界能产生强烈的领域感，明确地区分两个空间。边界是除道路以外的线性要素，它是两个部分的边界线。许多边界是凝聚的缝合线，而不是隔离的屏障。边界经常同时也是道路，于是占主导地位的是交通意象，这种元素通常被划成道路，只是同时具有边界的特性。强大的边界，不但在视觉上占统治地位，在形式上也连续不可穿越。

（3）区域

区域是城市意象的基本元素，多数人都是使用区域来组织自己的城市意象。决定区域的物质特征为主题的连续性，如纹理、空间、形式、细部、标志、建筑形式、材料、样式、色彩等。社会意义对于构造区域也十分重要。

区域通常被边界包围，跟周边环境明显地隔绝开来。区域内部往往具有一些特征，比如重复出现的建筑样式等，这些特征可以使人强烈感觉到进入某个领域。边界限定区域，增强其特性，但它们无法构成区域。

（4）节点

节点往往是道路上的重要转折点，或去往某处的必经之地，在城市中，节点常常以街角、广场、交通枢纽的形式出现。那里聚集大量人流和活动，人们可以在节点停住脚步，休息放松，与人社交。

（5）标志物

标志物是从一大堆可能元素中挑选出来的，其或是具有比较好的关键的物质特性，或是在整个环境中令人难忘。往往与周边环境形成巨大反差，而且在各个方向上都很容易被看到，所以它们令人印象深刻，可以帮助我们确定自己的方位。

使元素成为标志，通常有两种方式：其一，使元素在许多地点都能够被看到；其二，通过与邻近元素形成退让关系或有高度的变化，建立起局部的对比。声音和气味虽然不能形成标志，但它们有时可以强化有形标志的意象。

这五种要素之间穿插组合，既有可能相互衬托，共同形成完整的城市意象；也有可能相互矛盾，让城市意象支离破碎。意象是一个连续的领域，某个元素发生变化可能会影响到其他所有的元素。

4.7.2 什么是环境意象

环境意象是个体头脑对外部环境归纳出的图像，是直接感觉与过去经验记忆的共同产物，可以用来掌握信息进而指导行为。环境意象被认为是由三个部分构成：个性、结构和意蕴。“一个可加工的意象首先必备的是事物的个性，即其与周围事物的可区别性，和它作为独立个体的可识别性，这种个性具有独立存在的，唯一的意义。”

意象自身并不是将现实按比例缩小，统一抽象，精确微缩后的一个模型，而是有目的地简单化，通过对现状进行删减、排除，甚至是附加元素、融汇变通，将各部分关联组织在一起，形成最终的意象。虽然有目的地将其重新排列组合也许不符合逻辑，但这可能会更充分、更好地形成需要的意象。对城市来说，生活在其中的人们，不仅仅是简单的观察者，还是参与者，是城市场景的组成部分。

在《城市意象》中，凯文·林奇通过对市民进行抽样访谈，并在实地对受过训练的观察者形成的环境意象进行检验，来获取他们对环境的意象。书中对于访谈内容进行了非常细致的描述，但并没有相关数字的采集和整理的论述，这是因为他更重视市民的意象。对于一个元素，由于观察者相对“度”的不同，也就是他们对于元素细节涉及程度的不同，意象也不尽相同。具体而且感觉生动的意象与那些高度抽象、概括、缺乏感觉内容的意象之间，也存在差别。生动并不等同于丰富，稀疏也并不等同于抽象，而环境意象可能是既丰富也抽象的。

4.8 争议点与局限性

汪原在《凯文·林奇〈城市意象〉之批判》一文中对该著作的争议点与局限性有如下评价：

“凯文·林奇对城市意象和城市易识别性的研究也可以看作是早期对现代主义的一种批判。尽管这种研究激发了对人的行为模式和城市认知地图的广泛研究，为形态研究和城市设计标准的制定起到了积极的作用，但其局限性也是显而易见的。”

“首先，凯文·林奇将人对城市环境的理解仅仅看作是对物质形态的知觉认识，这与分析动物在迷津中的行为极为相似，即觅路和适应环境。更进一步说，仅从感觉经验出发研究人的认识问题，实际上只是从人的自然生物存在出发。一方面，如果单纯从知觉或所谓经验和可观察性的经验陈述出发，并将它们当作认识的起点，我们就无法将人的认识与动物的认识作本质的区分。另一方面，在对城市环境的创造和使用过程中，城市居民所扮演的角色显然比动物更具积极性和主动性。有研究显示，人们对日常物质环境的记忆是从整体上进行的，而不会局限于一些细小的设计因素。人对某一环境的回忆首先是在环境中做了什么，其次是在哪里，最后才会回忆环境的外观，比如具体的物质形态和建筑的细部等。更进一步说，人们似乎更容易通过文字形式而不是建筑形态和细部的图解来记住环境中的物体。”

“其次，由于凯文·林奇城市五要素的方法对于形成局部的区域概念特别有效，而且易于操作，因此被广泛运用于城市设计当中。这实际上是在城市结构上契入各种想象的秩序形式并因此而带有强烈的主观性；同时这种方法还形成了对城市空间的进一步划分，如设立边界性的门墙、绿篱等。领域性的加强虽然对防止犯罪有帮助，但识别性和安全性的要求常常使城市空间被分化得更为零碎和隔绝，这不仅与城市的整体性相悖，而且极易产生新的空间障碍，无法在居民与陌生人之间形成一种交流界面，从而滋生新的社会问题。”

“林奇方法的局限性在根本上反映出心智图在研究范围上的缺陷。心智图强调城市居民对其环境的感知。然而，人对城市环境的概念是一种功能要素（人在城市环境中做什么）和符号要素的组合。”

“不仅仅是个体对城市想象画面的描述，它还是一种社会的建构，并且是一种以意识形态为特性的社会过程的表征。”

“虽然心智图使个体能在特定的环境中掌握再现，在特定的环境中表达外在的广大的严格来说根本无法表达的城市结构组合的整体性，但心智图显然忽略了意识形态的根本特性，并且拒绝承认其基本的研究数据本身，以及对城市秩序形式的强行切入就是一种意识形态的再现。因此，凯文·林奇所研究的更像是生活于真空中的人的行为活动，而忽视了人是一种真实的社会存在，忽视了形成这种真实存在的环境约束和社会约束。”（摘录自《凯文·林奇〈城市意象〉之批判》汪原，2003年，有改动）

本章参考文献

[1] 林奇．城市意象[M]．方益萍，何晓军，译．北京：华夏出版社，2001.

[2] 张乐，魏巍．凯文·林奇生平及其思想[J]．山西建筑，2008(12):65-66.

[3] 巩帆．阆中古城景观意象研究[D]．重庆：重庆大学，2016.

[4] 何俊花，曹伟．可意象的城市——解读《城市意象》[J]．中外建筑，2009(7):48-50.

[5] 史明，周洁丽．城市街道空间“可意象性”认知介质单元的研究[J]．创意与设计，2013(4):51-55.

[6] 董禹．凯文·林奇人文主义城市设计思想研究[D]．哈尔滨：哈尔滨工业大学，2008.

[7] 汪原．凯文·林奇《城市意象》之批判[J]．新建筑，2003(3):70-73.

第 5 章

《美国大城市的死与生》导读

5.1 信息简表

《美国大城市的死与生》信息如表 5-1 所示，其部分版本的著作封面如图 5-1 所示。

表 5-1 《美国大城市的死与生》信息简表

The Death and Life of Great American Cities				
原著作者	[英文名]Jane Jacobs [中译名] 简・雅各布斯			
译名	[中] 美国大城市的死与生			
主要版本		译者	出版时间	出版社
美原著	第一版	—	1961 年	Random House
	第二版		1981 年 6 月	
	第三版		1992 年 12 月	Vintage
	第四版		1993 年 2 月	Modern Library
	第五版		2000 年 1 月	Pimlico
	第六版		2002 年 9 月	Random House
	第七版		2011 年 9 月	Modern Library
中译著	第一版	金衡山	2005 年 5 月	译林出版社
	第二版		2006 年 8 月	
	第三版		2020 年 7 月	

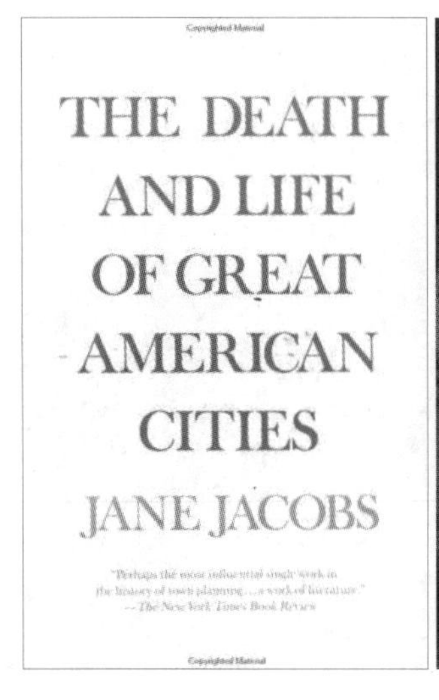

图 5-1 部分版本的著作封面

（图片来源：编著团队根据出版社封面原图扫描或改绘）

5.2 作者生平

简·雅各布斯，1916年出生于美国宾夕法尼亚州斯克兰顿。高中毕业后，她来到纽约。纽约形形色色的工作区域深深地吸引着她，于是，她开始作为自由撰稿人写作关于这些地方的文章[1]。1952年，她成为《建筑论坛》(*Architectural Forum*)的助理编辑。她被分配去报道城市的改造计划，但她发现，这些正在施工中或已完成的计划，不仅无趣、不安全、没有活力，而且对城市经济的影响也是负面的。由此，她对正统规划理念愈加怀疑。1958年，雅各布斯为著名的《财富》杂志撰写了一篇关于城市中心区的文章《市中心为人民而存在》。在这篇文章中，她充满激情地批判了由联邦政府资助的大规模旧城更新项目，同时赞美了曼哈顿现状环境中街道生活的欢乐与祥和[2]。该文随即被一部关于城市问题的颇为畅销的集子《爆炸的大都市》选中，使得雅各布斯的作品开始引起《财富》杂志、洛克菲勒基金会以及包括芒福德在内的众多纽约文化界人士的关注。雅各布斯在纽约、多伦多等地积极参与城市发展相关事务，为城市规划和住房政策改革建言献策。她的主要作品还有《城市经济》(1969年)、《城市与国家财富》(1984年)及《生存系统》(1993年)等。

5.3 历史背景

20世纪中叶，美国进入大都市区化阶段，处于城市化的高速增长时期，郊区规模的不断扩大致使大城市中心区逐渐衰败，中产阶级和富裕阶层纷纷离开城市中心，而原先繁荣的中心区逐渐被大量穷人和有色人种占据。针对这一冲突，当时的美国政府推行了大拆大建的城市更新运动。然而，大量的资金投入和传统的城市规划并没有使得美国的大城市重获生机。相反，城市的多样性被毁，城市的活力被扼杀。1961年出版的《美国大城市的死与生》一书记录了简·雅各布斯对当时美国大城市规划与重建的抨击与反思[3]，并展示了一些城市规划和建设的新理念[4]。

5.4 内容提要

《美国大城市的死与生》自1961年出版以来，即成为城市研究和城市规划领域的经典名作，对整个世界范围内有关都市复兴和城市未来的争论产生了持久而深刻的影响。雅各布斯以纽约、芝加哥等美国大城市为例，以充满激情的文字，深入考察了都市结构的基本元素，以及它们在城市生活中发挥功能的方式。通过对这些问题的回答，雅各布斯具体阐释了城市的复杂性及其发展取向，也为评估城市的活力提供了一个基本框架[5]。该书对现代城市规划和城市建设进行了猛烈的抨击，并提出了一些基于社会和经济考虑的城市规划思想[6]。

《美国大城市的死与生》全书正文共包括四个部分(图5-2)：城市的特性、城市多样化的条件、衰退和更新的势力和不同的策略。其中，著作第一部分主要介绍城市中人的社会行为，第二部分介绍城市的经济行为，第三部分从衰落和更新视角展示城市的演进，第四部分重点讨论解决有序复杂性的城市问题的有效途径。

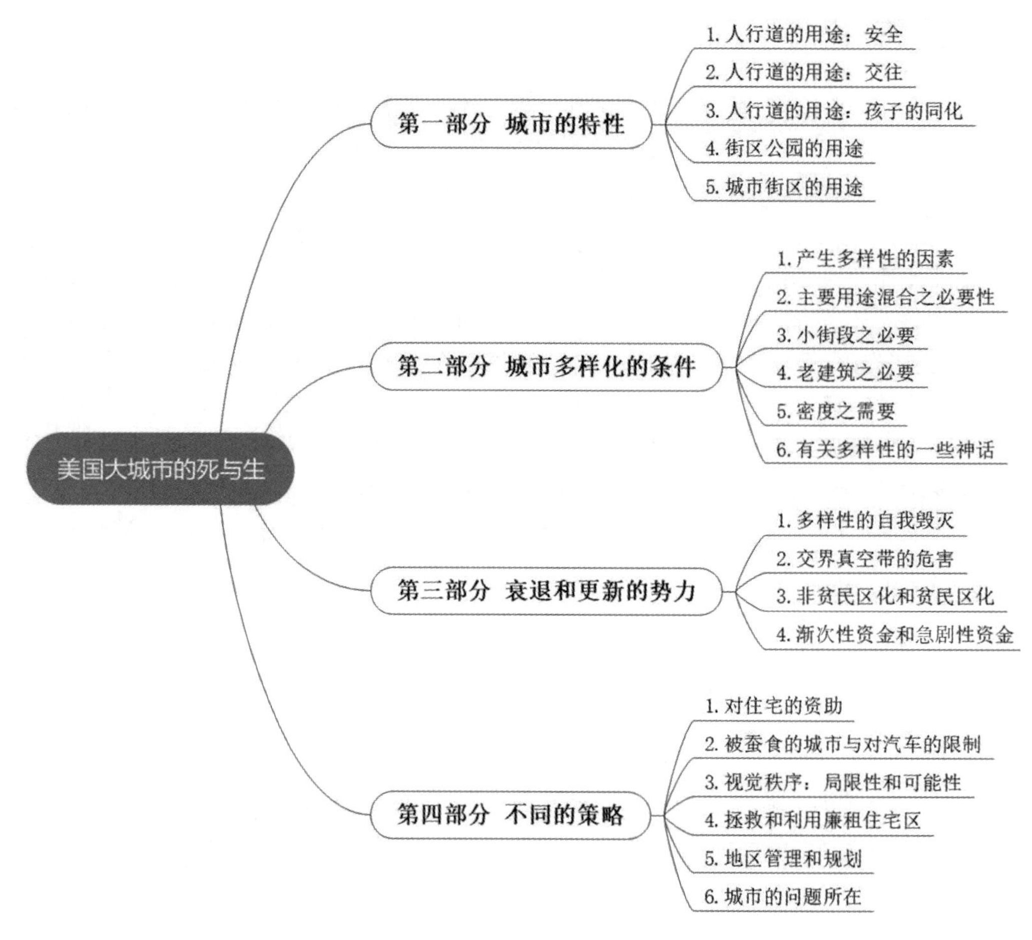

图 5-2 《美国大城市的死与生》内容提纲

（图片来源：编著团队自绘）

5.4.1 导言

导言部分主要是对当下城市规划和重建理论的抨击，主要对当时占统治地位的现代城市规划和重建改造正统理论的原则和目的进行批判，并尝试引介一些城市规划和重建的新原则。

霍华德的花园城市理论创立了一套强大的、摧毁城市的思想，他认为处理城市功能的方法是对全部简单的用途进行分离和分类，并以相对自我封闭的方式来安排这些用途。柯布西耶的梦幻之城给美国的城市带来了重大的影响，他的追随者们都曾不知疲倦地推广超级街廓、廉租住宅街区、规定规划的概念和草坪至上的思想。更有甚者，将上述特征作为实用的、对社会负责的规划标志。

雅各布斯认为，今天几乎所有的城市设计者都以各种变化的方式融合了霍华德花园城市和柯布西耶梦幻之城这两种概念，造成现在单调、乏味、缺少城市活力的城市地区。在叙述不同城市规划和重建改造的原则时，作者以普通市民的角度，讲述城市在真实生活中是如何运转的，如什么样的街道是安全的，什么样的街道是不安全的，为什么有的城市花园赏心悦目，有的则是藏污纳垢之地和死亡陷阱，为什么有的贫民区永远是贫民区，而有的则在资金和官方的双重压力下仍旧能够自我更新等现象。

5.4.2 第一部分：城市的特性

该书第一部分城市的特性主要介绍了人行道的三种用途：安全、交往、孩子的同化以及与人们生活密切相关的街区公园、城市街区的用途。

（1）人行道的用途：安全

街道及人行道是城市中的主要公共空间，是一个城市最重要的器官。维护城市的安全是一个城市的街道和人行道的根本任务。正如简·雅各布斯在《美国大城市的死与生》一书中所述：

“一个成功的城市地区的基本原则是人们在街上身处陌生人之间时必须能感到人身安全，必须不会潜意识感觉受到陌生人的威胁。”（摘录自《美国大城市的死与生》，简·雅各布斯著，金衡山译，2006 年）

（2）人行道的用途：交往

人行道上会发生很多微不足道的公共接触，正是这些微小行为构成了城市街道上的安全因素。正如简·雅各布斯在《美国大城市的死与生》一书中所述：

“人们决意要护卫基本的隐私，而同时又希望能与周围的人有不同程度的接触和相互帮助，一个好的城市街区能够在这两者之间获得令人惊奇的平衡。”（摘录自《美国大城市的死与生》，简·雅各布斯著，金衡山译，2006 年）

（3）人行道的用途：孩子的同化

孩子们能够在活跃的城市街道中，认识并熟悉城市生活，有助于增强公共责任感。然而，在实际生活中，人行道往往作为城市中的连接空间，忽视了其在孩子成长过程中的作用。正如简·雅各布斯在《美国大城市的死与生》一书中所述：

“废除城市的街道，并且尽可能地降低和缩小它们在城市生活中的社会和经济作用，这是城市规划正统理论中最有害和最具破坏性的思想。而这种思想常常以种种关心城市孩子的名义出现——那种虚无缥缈的动听的高谈阔论则是其最具讽刺性的地方。”（摘录自《美国大城市的死与生》，简·雅各布斯著，金衡山译，2006 年）

（4）街区公园的用途

街区公园赋予了城市诸多的功能，能够让人们远离沉寂和单调，带来更多的生机与活力。正如简·雅各布斯在《美国大城市的死与生》一书中所述：

“一个城市的街道越是成功地融合了日常生活的多样性和各种各样的使用者，也就越能得到人们随时随地的包括经济上的支持，促使其更加成功，得到了支持和获得了活力的公园因此也就可以以优雅的环境和舒适的氛围而不是空洞无物的内容回报街区的人们。”（摘录自《美国大城市的死与生》，简·雅各布斯著，金衡山译，2006 年）

（5）城市街区的用途

城市的街区应该强化街区用途的多样化，创造充满活力、交叉多样的有机体。正如简·雅各布斯在《美国大城市的死与生》一书中所述：

“首先，要造就生动有趣的街道。其次，在城市辖下具有小城市的面积和力量的地区内尽可能地促成具有这种特性的街道网。第三，将公园、广场和公共建筑作为街道特性的一部分来使用，从而强化街道用途的多样性，并将这些用途紧密地编制在一起。公园、广场等的使用不应该各行其是，互相分离，或与地区内的街区的用途互不关联。”（摘录自《美国大城市的死与生》，简·雅各布斯著，金衡山译，2006年）

5.4.3 第二部分：城市多样化的条件

该书第二部分主要介绍了城市多样性产生的四个条件。

（1）产生多样性的因素

城市的多样性不仅在于功能的多样性、街道的可达性，还在于达到足够高的建筑混合度以及人流密度。正如简·雅各布斯在《美国大城市的死与生》一书中所述：

“1）地区以及其尽可能多的内部区域的主要功能必须要多于一个，最好是多于两个。这些功能必须要确保人流的存在，不管是按照不同的日程出门的人，还是因不同的目的来到此地的人，他们都应该能够使用很多共同的设施。

2）大多数的街段必须要短，也就是说，在街道上能够很容易拐弯。

3）一个地区的建筑物应该各色各样，年代和状况各不相同，应包括适当比例的老建筑，因此在经济效用方面可各不相同。这种各色不同建筑的混合必须相当均匀。

4）人流的密度必须要达到足够高的程度。不管这些人是为什么目的来到这里的。这也包括本地居民的人流也要达到相等的密度。”（摘录自《美国大城市的死与生》，简·雅各布斯著，金衡山译，2006年）

（2）主要用途混合之必要性

城市发展需要两种形式的多样性，正如简·雅各布斯在《美国大城市的死与生》一书中所述：

“第一种多样性是首要用途，它把人群引向一个地方，因为这种用途本身就是一块‘抛锚地’……第二种多样性是指那些为回应第一种用途而发展起来的商业（商店和服务设施），主要是服务于被首要用途吸引来的人群。”（摘录自《美国大城市的死与生》，简·雅各布斯著，金衡山译，2006年）

“首要用途的混合”要发挥作用必须具备三个条件，正如简·雅各布斯在《美国大城市的死与生》一书中所述：

“首先，有效性是指在不同的时间里使用街道的人群实际上必须使用相同的街道……其次，有效性是说在不同的时间里使用相同街道的人群中间必须要包括一些使用相同设施的人群……最后，有效性是指在白天一个时间段里出现在街道上的人群必须与其他时间段里出现的人群有相当的关系。”（摘录自《美国大城市的死与生》，简·雅各布斯著，金衡山译，2006年）

（3）小街段之必要

大多数的小街段设计是十分必要的，正如简·雅各布斯在《美国大城市的死与生》一书中所述：

“孤立的、互不关联的街道街区从社会的角度讲，会陷入孤立无助的处境……街道出现得频繁和街段的短小都是非常有价值的，因为它们可以让城市街区的使用者拥有内在有机的交叉使用。”（摘录自《美国大城市的死与生》，简·雅各布斯著，金衡山译，2006年）

（4）老建筑之必要

大多数的老建筑对于城市是不可或缺的，正如简·雅各布斯在《美国大城市的死与生》一书中所述：

“老建筑对于城市是如此不可或缺，如果没有它们，街道和地区的发展就会失去活力……城市里的新建筑的经济价值是可以由别的东西——如花费更多的建设资金来代替的。但是，旧建筑是不能随意取代的。这种价值是由时间形成的。这种多样性需要的经济必要条件对一个充满活力的城市街区而言，只能继承，并在日后的岁月里持续下去。”（摘录自《美国大城市的死与生》，简·雅各布斯著，金衡山译，2006 年）

（5）密度之需要

城市中人流的密度需要达到足够高的程度，正如简·雅各布斯在《美国大城市的死与生》一书中所述：

“城市中大量人口的存在应该作为一个事实得到确确实实的接受，而且应该将这种存在当作一种资源来对待和使用：在需要激活城市生活的地方，提高人口的密度，同时，把目标定在促进街区生活的活跃程度，不仅在经济而且在视觉方面，竭尽全力激发和增加多样性。”（摘录自《美国大城市的死与生》，简·雅各布斯著，金衡山译，2006 年）

（6）有关多样性的一些神话

城市的多样性并不会产生丑陋的城市外貌，正如简·雅各布斯在《美国大城市的死与生》一书中所述：

“城市不同用途之间的互相融合不会陷入混乱。相反，它代表了一种高度发展的复杂的秩序……欣欣向荣的城市多样性由多种因素组成，包括混合首要用途、频繁出入的街道，各个年代的建筑以及密集的使用者……在城市地区，如果某个地方用途和功能都一体化，那么这本身就会让城市陷入一个左右为难的地步，而且情况要比郊区更加严重，因为城市地区的主要景致都是建筑。要让这些建筑都归于一体化，这实在是太荒唐了，必然不会有什么好结果……但是，城市如果缺少多样性，那就注定会一方面导致压抑，另一方面也会导致混乱的感受。”（摘录自《美国大城市的死与生》，简·雅各布斯著，金衡山译，2006 年）

5.4.4 第三部分：衰退和更新的势力

（1）多样性的自我毁灭

解决城市多样性自我毁灭的办法是阻止一个地方过度复制一种用途，通过目标多样性的划分、公共建筑的坚守性、竞争性分散等方法，将重复用途分散到别的地方去，不要一家独大，最终结果是增加城市里拥有活力和多样性区域的数量，让更多的街道和地区都获得多样性，区域协调共同发展。正如简·雅各布斯在《美国大城市的死与生》一书中所述：

“从根本上说，这种极其成功的多样性的自我毁灭的问题是一个如何使供（充满活力和多样性的街道和地区）需关系成为一种和谐、合理的关系的问题。”（摘录自《美国大城市的死与生》，简·雅各布斯著，金衡山译，2006 年）

（2）交界真空带的危害

交界地带的街区往往会带来一定的危害，正如简·雅各布斯在《美国大城市的死与生》一书中所述：

“城市中大量的单一用途都有相同的一面。一个单一用途与另一个单一用途之间组成交界处，这些交界地带在城市里往往会成为窝藏破坏力的街区……交界处的周边区域由此会形成一个用途的真空地带。或换一种说法，因为在城市的某个地方进行的用途过于简单化的行为，将会产生连锁反应，而且这样的地方规模都会很大，邻近的区域也会受到影响，那儿的用途也会同样经历简单化的过程，即，越来越少的使用者，非常有限的用途范围。”（摘录自《美国大城市的死与生》，简·雅各布斯著，金衡山译，2006 年）

（3）非贫民区化和贫民区化

非贫民区化是解决城市贫民区问题的有效手段，正如简·雅各布斯在《美国大城市的死与生》一书中所述：

“无论是迁移贫民区还是封闭贫民区，这两种方法都不能突破使贫民区永久化的关键环节——很多人过快地离开贫民区这个趋势。这两种方法只是加剧和加快贫民区后退的速度。只有非贫民区化才能解决城市贫民区的问题，而实际上这个过程已经改变了一些贫民区的状况。”（摘录自《美国大城市的死与生》，简·雅各布斯著，金衡山译，2006 年）

（4）渐次性资金和急剧性资金

城市中资金的投入会影响整个城市的运行，正如简·雅各布斯在《美国大城市的死与生》一书中所述：

“城市里存在三种资金，给住宅和企业提供金融支持，并左右在这两个方面发生的变化……第一种，也是这三种中最重要的，是来自常规的、非政府的借贷机构的信贷……第二种资金由政府提供，源自税收，或者是政府的借款能力。第三种资金来自非官方、非正式的投资，也就是说来自‘地下世界’的现金和贷款……这三种资金在很多重要方面表现出不同的行为方式。每一种都会对城市的各种资产产生影响，左右它们的变化……用于城市建设的资金运转方式——或阻止这种用途的方式——已成为城市衰退的一个重要因素。资金使用的方式应该转化成为城市再生的手段，从造成剧烈的、迅猛的变化转化成持续的、渐进的、复杂的和温和的变化。”（摘录自《美国大城市的死与生》，简·雅各布斯著，金衡山译，2006 年）

5.4.5 第四部分：不同的策略

该书第四部分主要介绍了城市发展的策略，包括对住宅的资助、限制汽车策略、视觉秩序、拯救和利用廉租住宅区、构建地区规划管理新模式、查找城市问题等方面。

（1）对住宅的资助

合理的房租担保方式能够解决城市问题、改善城市状况，正如简·雅各布斯在《美国大城市的死与生》一书中所述：

“首先，ODS 应该向建房者保证，他的项目会得到必要的资金支持。如果建设者能够从常规贷款机构得到贷款，那么 ODS 则会为贷款提供抵押担保。如果他不能得到这样的贷款，那么 ODS 则会自己借钱给他……第二，ODS 应该向这些建房者（或者是日后会买下这些房子的房东）担保，这些房子里的住宅单元的房租达到一定水平，使他们能够盈利，至少有利可图。”（摘录自《美国大城市的死与生》，简·雅各布斯著，金衡山译，2006 年）

（2）被蚕食的城市与对汽车的限制

在城市里提供良好的交通系统，创建地域错综复杂的关系，综合布局城市各种用途是行之有效的对策。正如简·雅各布斯在《美国大城市的死与生》一书中所述：

“把城市的交通问题只简单地看成一个分流行人和车辆的问题，并把实现这种分流看成是一个主要的原则，这种思想和做法完全是搞错了方向。应该把城市的行人问题同城市的多样化、城市的活力、城市用途的集中化放在一起考虑。”（摘录自《美国大城市的死与生》，简·雅各布斯著，金衡山译，2006年）

（3）视觉秩序：局限性和可能性

城市是一个复杂的生命体，城市的秩序并不能由关键因素阐明，正如简·雅各布斯在《美国大城市的死与生》一书中所述：

“城市设计者们要做的不是试图用艺术来取代生活，而是回到一种既尊重和突出艺术，又尊重和突出生活的思想认识上来：一种阐明和体现生活，同时又能帮助我们认识生活的意义和秩序这样一种战略思想——也就是说，阐明、体现和解释城市的秩序……所有这些目的在于构筑城市视觉秩序的策略都会体现在城市的每一个角落——而城市正是由这些边边角角组成，它们互相间的有机联系和连续性则构成了城市的主要‘骨架’。但是，对于每个细节的强调才是问题的关键：城市就是由互相补充、互相支持的细节构成。”（摘录自《美国大城市的死与生》，简·雅各布斯著，金衡山译，2006年）

（4）拯救和利用廉租住宅区

廉租住宅区融入整个城市的构筑中是十分必要的，正如简·雅各布斯在《美国大城市的死与生》一书中所述：

“在关于廉租住宅区的问题上，存在着一个很不恰当的思想，那就是认为廉租住宅区就是‘低廉’，不属于正常城市，不是它的一部分。单单从廉租住宅区的角度来谈对其的拯救，或者改善那里的情况，实际上是在根源上重复了这种错误思想。相反，问题是应该把廉租住宅区，也就是那一部分的城市区域，重新‘编织’回到整个城市的‘骨架’里——在这样做的过程中，同时也会增强周边地区的力量。”（摘录自《美国大城市的死与生》，简·雅各布斯著，金衡山译，2006年）

（5）地区管理和规划

地区管理和规划对于城市的发展尤为重要，正如简·雅各布斯在《美国大城市的死与生》一书中所述：

“我们现在需要的不是一个高高在上进行协调的组织机构，而是一个能够在需要的地方——具体的、个别的地方——进行协调的规划单位……在规划方面，城市层次的规划部门还是应该存在，但是其大部分工作人员应该以非集中的方式服务于城市，也就是说服务于行政地区，只有在这个层面上，目的是城市活力的规划才能得到完整的理解、协调和贯彻……符合实际的可行的大都会政府应该首先在大城市里试验，在那里不存在会对此造成阻碍的区域政治界限问题。在大城市我们可以找到解决共同问题的方法，而同时又不会对城市地区以及地方自治过程造成不必要的混乱。”（摘录自《美国大城市的死与生》，简·雅各布斯著，金衡山译，2006年）

（6）城市的问题所在

在理解城市方面，需要从过程、归纳推导的角度来考虑，并且寻找一些“非平均”的线索。正如简·雅各布斯在《美国大城市的死与生》一书中所述：

“城市中的客体——不管是房屋建筑、街道、公园、地区、地标还是其他任何东西——在不同的环境或背景里，都会产生极其不同的效应……为什么需要从由点到面的角度来考虑问题？因为如果反过来从一般推论来考虑问题，那准会最终得出非常荒唐的结论——就像是波士顿那个规划者的例子，他之所以坚定地认为波士顿北端必是贫民区无疑，是因为他从一般推论上得出这个结论，而也正是这种一般推论使他成为规划专家（而实际情况则不是需要关注的）。”（摘录自《美国大城市的死与生》，简·雅各布斯著，金衡山译，2006 年）

5.5 学术思想

雅各布斯反对第二次世界大战后主导西方城市建设的物质空间规划和设计的纯技术方法论，突破了标准化、非人性化的理想城市模式[7]，以纽约、芝加哥等美国大城市为例，深入考察了都市结构的基本元素以及它们在城市生活中发挥功能的方式，从具体而日常的城市生活体验出发，以理解城市功能和解决城市问题的视角，来规划设计以居民生活为核心，富有活力的多样性城市，给整个世界范围内有关都市复兴和城市未来的争论带来持久而深刻的影响[8]。其学术思想主要概括为以下三点。

5.5.1 城市建设多样性

简·雅各布斯在《美国大城市的死与生》一书中说明，城市是人类聚居的产物，成千上万的人聚集在城市里，而这些人的兴趣、能力、需求、财富甚至口味又都千差万别。因此，无论从经济角度，还是从社会角度来看，城市都需要用尽可能错综复杂并且相互支持的功用的多样性，来满足人们的生活需求，因此，“多样性是城市的天性”。这里的多样性其实是指城市居住者消费需求的多样性，也就是城市的人性化。城市人性化最基本的内涵就是“以居住者为中心”，就是从不同的角度来满足居住者物质和文化的需求[9]。

5.5.2 城市建设人性化

整座城市在规划的过程中要做到人性化，以人为本，最主要、最根本的问题就是如何处理好环境与发展的关系，这也是建设宜人的居住城市，实现可持续发展的关键。在城市规划的过程中，应始终围绕“发展为了人民，发展依靠人民，发展成果由人民共享”这一理念来展开城市建设。城市在规划的过程中应具有满足各种人群各种需求的能力，有机组织城市的空间秩序。那么要做到这一点就应将土地进行混合利用，将居住、商贸、医疗、教育等用途合理组织在一个街区中，这种混合利用不仅为人们的生活提供方便，同时也是节约城市生活成本，降低城市能源消耗的一种途径。这样规划的城市，是秩序井然、相互融洽、合理分配的有机体，也有利于城市的可持续性发展[9]。

5.5.3 基本功用的混合

雅各布斯认为，一个单独的基本功用，对多样性的产生没有影响，因为它对人们出行时间的影响是单一的。只有超过一个的基本功用混合起来，才可能对人们的出行时间和出行目的产生不同的影响。这就是所谓“混合的基本功用”的思想。但是，如果某个地区的几个基本功用结合在一起，对人们出行时间的影响几乎一样，那么，我们就不能将它们称为混合的基本功用，而只能当作一个基本功用看待。因此，几个基本功用必须有效地结合在一起，确保人们在不同的时间里走上街道，才是真正意义上的“混合的基本功用”，才会真正从社会和经济上产生有益的影响。较多的基本功用较为复杂、紧密地结合在一起，会有效地形成一座城市功用的聚集中心。为这个中心服务的商业和服务业等因为有了充足的客源，在数量上和类型上都会非常丰富。因此，城市功用的多样性也会更加繁盛。这就是混合的基本功用对城市多样性的重要意义 [4]。

5.6 著作影响

《美国大城市的死与生》自 1961 年出版以来，即成为城市研究和城市规划领域的经典名作，成为西方城市规划思想和理论的一个重要分水岭，对当时美国有关都市复兴和城市未来的争论产生了持久而深刻的影响。同时，该书也为评估城市的活力提供了一个基本框架，挑战了传统的城市规划理论，使我们加深了对城市的复杂性和城市应有的发展取向的理解，对于我国目前的城市规划和城市建设极具借鉴意义 [10]。其中，“城市建设多样性”与“基本功用的混合”等是雅各布斯有代表性的重要思想 [4]。

5.7 难点释义

雅各布斯通过研究提出产生城市多样性必不可少的四个条件。第一个条件，城市的主要功能要多于一个，确保大量人流的存在，人流分布的时间均衡，而且多种功能之间需要有效地融合。第二个条件，大多数的街段必须短，在街道上能够很容易拐弯，短街道、小街区可以吸引不同目的的使用者，促进多样性的人群产生。第三个条件，一个地区的建筑物必须各式各样，年代不一，布局合理，老建筑比例适当，能够满足不同用途的需要。第四个条件，人流的密度必须要达到足够高的程度，城市地区的建筑密度要适中，能够最大限度地促进地区潜在多样性的产生 [8, 11]。

本章参考文献

[1] 方可，章岩 .《美国大城市生与死》之魅力缘何经久不衰？——从一个侧面看美国战后城市更新的发展与演变 [J]. 国外城市规划，1999 (4): 26-29.

[2] 于洋 . 亦敌亦友：雅各布斯与芒福德之间的私人交往与思想交锋 [J]. 国际城市规划，2016，31(6): 52-61.

[3] 雅各布斯 . 美国大城市的死与生 [M]. 金衡山，译 . 北京：译林出版社，2006.

[4] 方可 . 简・雅各布斯关于城市多样性的思想及其对旧城改造的启示——简・雅各布斯《美国大城市的生与死》读后 [J]. 国际城市规划，2009，24(s1): 177-179.

[5] 雷启立 . 异化的城市规划与小世界范式——读《美国大城市的死与生》[J]. 中国图书评论，2006(7): 23-28.

[6] 毛其智 . 城市规划的公众原则和社会作用——重读《美国大城市的死与生》的几点思考 [J]. 北京规划建设，2006(2): 48-49.

[7] 邵萧伊 . 在《美国大城市的生与死》中分析我国城市规划元素的特性 [J]. 建筑与文化，2017 (10): 177-178.

[8] 宋云峰 .《美国大城市的死与生》及其对我国旧城区复兴的启示 [J]. 规划师，2007 (4): 94-97.

[9] 江勇，钟慧敏．城市建设的人性化探究与反思——读《美国大城市的生与死》[J]. 现代装饰（理论），2014(3): 199-200.

[10]王琬雅．“千城一面”与城市多样性——读《美国大城市的死与生》所思[J].建筑与文化，2015 (4): 182-183.

[11]罗雅，肖芬．经典著作再理解——从《美国大城市的死与生》看红谷滩的建设发展[J].华中建筑，2007(10): 98-101.

第 6 章

《城记》导读

6.1 信息简表

《城记》信息如表 6-1 所示，其部分版本的著作封面如图 6-1 所示。

表 6-1 《城记》信息简表

城记				
原著作者		王军		
主要版本		译者	出版时间	出版社
中原著	第一版	—	2003 年 10 月	生活·读书·新知三联书店
	第二版	—	2004 年 3 月	生活·读书·新知三联书店
英译著	第一版	李竹润、金绍卿、熊蕾	2011 年 1 月	World Scientific Publishing Company

图 6-1 部分版本的著作封面

（图片来源：编著团队根据出版社封面原图扫描或改绘）

6.2 作者生平

王军，男，苗族，1991 年毕业于中国人民大学新闻系，曾任新华社高级记者、《瞭望》新闻周刊副总编辑。2016 年 9 月参加故宫博物院工作，现为故宫博物院研究馆员、故宫学研究所副所长。

长期以来，王军一直致力于北京城市历史、梁思成学术思想以及城市规划与文化遗产保护等的研究工作，代表著作有《城记》《采访本上的城市》《拾年》等，并先后获得全国优秀畅销书奖、台湾吴大猷科普著作奖、中国建筑图书奖、文化遗产优秀图书奖等多个文学奖项。他参与策划了“梁思成建筑设计双年展”“北京城记忆——数字影像展”“北京建筑文化周”等多项建筑及城市规划学术活动。参加故宫博物院工作后，王军完成北京城市总体规划专题研究《建极绥猷——北京历史文化名城保护与文化价值研究》一书。

6.3 历史背景

1987年，王军来到北京读大学，1991年毕业后一直留在北京工作。1988年，王军第一次登景山看北京城的时候，完全感受不到北京城的美，甚至大学毕业后才知道北京城墙与历史古迹被拆毁的事情，大受震惊。爱这个国家，爱这个民族，可首先要爱自己的家，爱自己的城，于是有了写《城记》这本书的念头。

作为世界历史文化名城的古都北京，长久的发展留下了深厚的文化积淀与历史文物，塑造着城市的形态，幸运的是，北京城在历次战争中较完好地保存了这种形态，然而在后期的和平建设过程中却逐渐被破坏。在这个过程中，各界都对北京城的建设发表了不同的看法，直到今天仍然是学者以及社会各界讨论的焦点。北京城历史古迹的保护与破坏纵然受限于当时的历史，但仍然值得社会各界进行反思，正如王军在《城记》前言中所述：

“刚刚逝去的上个（20）世纪，是北京急剧变化的百年。对于文明积淀深厚的这个历史名城来说，这仅仅是其沧桑变幻的一个瞬间。而这个瞬间所爆发的力量，至今仍使这个城市保持着一种历史的惯性，塑造着它在今天以及将来的形态，有体有形地影响或决定着这里每一个人的生活。虽然这个瞬间是短暂的，但相信它会成为一代又一代学人永久探讨的话题。求解现实与未来，我们只能回到过去，这是人类的本性。而我仅是尽绵薄之力，将这段历史勾画出些许轮廓，随着历史档案的不断公开，人们会看得更为真切。”（摘录自《城记》，王军，2003年）

在对该著作进行阅读时，读者可将自身代入当时的历史背景，置身于不同学者之间的激辩，并在此过程中思考北京城建设的过去、现在与未来。

6.4 内容提要

在著作写作的10年间，作者共采访当事人50余位，收集、查阅、整理大量第一手史料，实地考察京、津、冀、晋等地重要古建筑遗迹，跟踪北京城市发展模式、文物保护等专题，并做出深入调研。全书分为十章，从北京的现实入手，以50多年来北京城营建史中的历次争论为主线展开叙述，其中又以20世纪五六十年代为重点，将梁思成、林徽因、陈占祥、华揽洪等一批建筑师、规划师的人生故事穿插其间，试图廓清“梁陈方案”提出的前因后果，以及后来北京城市规划的形成。北京出现所谓“大屋顶”建筑、拆除城墙等古建筑的情况，涉及“变消费城市为生产城市”“批判复古主义”“大跃进”“整风鸣放”“文化大革命”等历史时期。

与文字同样重要的是书中选配的三百余幅插图，不乏私人珍藏的照片及画作，如梁思成先生工作笔记中的画作和首次发表的梁思成水彩写生画。

正如《城记》编辑张志军所述：

“作者试图廓清北京城半个多世纪的空间演进以及为人熟知的建筑背后鲜为人知的悲欢启承。历史见证者的陈述使逝去的记忆复活，尘封已久的文献、三百余帧图片让岁月不再是传说。梁思成、林徽因、陈占祥、华揽洪……建筑师多舛的人生，演绎着一出不落幕的戏剧；这一切的缘起，只是因为北京，这个‘在地球一面上人类最伟大的个体工程’，拥有一段抹不去的传奇”。（摘录自《城记》编辑的话，张志军，2003年）

全书分为十章，内容大致分为四个部分（图6-2）：第一部分为著作第一章，主要介绍北京城的近来状况；第二部分包括著作第二至第四章，主要介绍抗日战争以来北京城的规划；第三部分包括著作第五至第九章，主要介绍北京城各部分的残逝；第四部分为著作第十章，主要为缅怀梁先生，回顾历史，展望未来。

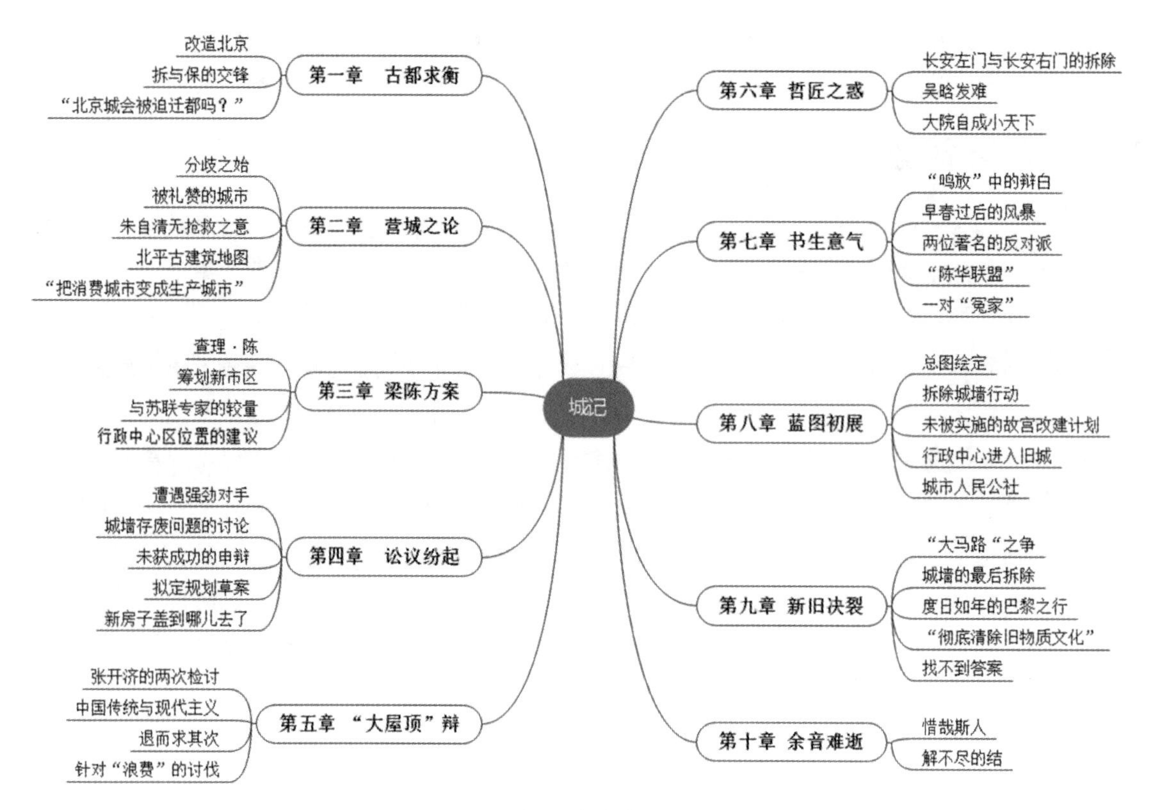

图 6-2《城记》内容提纲

（图片来源：编著团队自绘）

6.4.1 北京城的近来状况——古都求衡

著作的第一部分简要介绍近代以来北京城在建设与发展过程中所产生的变化与社会各界围绕北京城发展问题产生的各类争辩，如北京旧城的拆与保，是否学习巴黎模式，以及对北京城日益严重的“城市病”的担忧。王军从他写书的那个年代去看北京的发展现状，2002 年的北京是什么样呢?

“内九外七皇城四，九门八点一口钟”的老北京再也不见踪影，稀稀落落的王府、胡同也难以挡住推土机的“脚步”。在现代化的进程中，北京步了那些没有合理规划的城市的后尘。北京为什么会变成这样? 为什么梁思成先生 50 年前的方案对于现在北京的规划还影响至深?

6.4.2 抗日战争以来北京城的规划及争辩——营城之论、梁陈方案、讼议纷起

在该书的第二部分，作者按照抗日战争以来的时间顺序，以梁思成先生为线索，对北京城的规划展开描述。其中《被礼赞的城市》一文从历史发展的角度对北京城作为伟大古都的保护价值做出了有力论证，文中大量插叙梁思成先生的学习经历和相关事迹。

北京城的规划及建设，所经历的大致时间顺序及规划思想如下文所示。

日本侵略者占领北平[1]后，于 1938 年成立伪政权的建设总署，开始编制城市规划方案。其内容包括：北平是华北政治、军事、文化的中心; 新建日本人新市区; 城内仍保持中国的意趣，将来准备复原被英法联军烧毁的圆明园，

1　1928 年 6 月 20 日设立北平特别市，相当于今日的直辖市。日伪政府于 1937 年 10 月 12 日又将北平改为北京，1945 年日本战败投降后，恢复原名北平。1949 年 9 月 21 日，北平市改名为北京市。

希望尽力保持中国文化等。

抗日战争胜利后，参考日本人编制的《北京都市计划大纲》，征用日本技术人员，于1946年完成《北京都市计划大纲》。

1947年，北平都市计划委员会成立，市长何思源提出：表面要北平化，内部要现代化。何思源提出北平都市计划的基本方针和纲领、市界、交通、设施、分区制、公用卫生、游憩设施、住宅建设等8项专题设想。1949年3月5日，第七届中央委员会第二次全体会议召开，毛泽东主席在会上指出：只有将城市的生产建设工作恢复和发展起来了，将消费城市变成生产城市了，并使工人和一般人民的生活有所改善，我们的政权才能够巩固。而梁思成先生认为我们国家这样大，工业生产不靠北京这一点地方，北京应该是像华盛顿那样环境优美的纯粹的行政中心。

1949年5月，华南圭提出《北京新都市计划第一期计划大纲》，被梁思成批评为“纯交通观点”。

1949年12月，北京召开城市规划会议，苏联专家巴兰尼克夫提出《关于改善北京市市政的建议》，内容大致有：“北京需要进行工业的建设；以天安门广场外的长安街为城市的一条干线，以天安门广场为中心布置一系列的行政房屋；建议书提出行政中心放在旧城比放在郊区更加经济。”[1]会议上梁思成、陈占祥与苏联专家发生了争执。

会议结束后，陈占祥先生作图，梁思成先生写文章，1950年2月，著名的“梁陈方案”，即梁思成、陈占祥《关于中央人民政府行政中心区位置的建议》完成。

1950年4月10日，梁思成致信周恩来总理，恳请其于百忙之中阅读《关于中央人民政府行政中心区位置的建议》并听取他的汇报。

1950年4月20日，朱兆雪，赵冬日写了《对首都建设计划的意见》。时隔不久，梁思成与陈占祥的建议被一些人指责为与苏联专家“分庭抗礼”，与“一边倒”方针“背道而驰”。

1950年5月7日，梁思成抱病写了《关于北京城墙存废问题的讨论》，提出：“城墙并不阻碍城市的发展，而且把它保留着，与发展北京为现代城市不但没有抵触，而且有利。”[1]病愈后的梁思成，于1951年2月19日、20日，在《人民日报》分两期发表了他的长文《我们伟大的建筑传统与遗产》，意在呼吁：“重视和爱护我们建筑的优良传统，以促进我们今后继承中国血统的新创造。”[1]10月27日，梁思成在病中致信北京市领导，再次呼吁早日确定中央政府行政区防卫，防止建设中出现散乱现象。

1953年6月，中共北京市委成立了一个规划小组，聘请苏联专家指导工作，在党内研究北京的规划问题，提出总体规划，梁思成、陈占祥、华揽洪从此不再参与总体规划的编制。

1953年8月，梁思成奉命汇报北京城甲、乙两个规划方案，做出妥协性发言。他接受了中央行政区在天安门广场附近建设的“事实”，接受了“城市建设是为生产服务的”提法，在建筑高度的问题上他也大退一步。

1954年2月9日，薛子正秘书长在都市计划委员会召开座谈会，梁思成在发言中说自己的思想状况是，1949年不知请示、报告，不知依靠党，热情但主观；1950年生病休养，与实际脱节；1953年6月以后，对规划工作插不进手，自己也就知难而退了。

6.4.3 北京城各部分的残逝——“大屋顶”辩、哲匠之惑、书生意气、蓝图初展、新旧决裂

第三部分作者是以事件为主体，然后叙述不同事件在这一时期的发展状况。

①“大屋顶”辩——梁思成先生觉得即使不限制建筑层数，也应该在其上面加上中国古建筑的特征：大屋顶。然相反的是，一些人认为大屋顶费材、费事还不美观，作者由此展开了叙述。

②哲匠之惑——对于城门和牌楼的拆除，梁思成先生与市政府之间的矛盾。

③书生意气——1955—1957 年的整风运动。

④蓝图初展——人民大会堂方案竞标，天安门广场的设计。

⑤新旧决裂——长安街被设计为 100 多米宽的大马路，由于修建地铁的原因，除几处城墙外，其他的城墙全部被拆除。

6.4.4 回忆历史、展望未来——余音难逝

这一部分主要有两章内容：第一章介绍梁思成先生逝后的一些事迹，并强调了学术界对于梁思成先生的缅怀，认为梁思成先生等人与西方现代建筑思想的启蒙者具有同样的历史地位；第二章介绍作者写该著作时的一些北京市的规划思想，以及学术界对于北京城规划的持续激辩，以此为未来的北京城规划与建设提供一定的借鉴意义。

6.5 学术思想

全书最主要的论点集中在三个方面：一是关于北京旧城的保护价值，以及不同学者围绕其保护价值开展的北京旧城是完全保留还是逐步进行旧城改造之辩；二是关于北京城的城墙和城门楼等历史遗存是拆还是留；三是关于 1949 年后北京城的规划，包括“梁陈方案”以及各时期的北京都市计划。

6.5.1 关于北京城的保护价值的学术观点

“明之北京，在基本原则上实遵循隋唐长安之规划，清代因之，以至于今，为世界现存中古时代都市之最伟大者。——梁思成”[1]

“文物与文化是两个不同概念。文物是历史过程中具有经典性的人文创造，以皇家和宗教建筑为主；而文化多为民居。正是这些民居保留了大量历史文化的财富，鲜活的历史血肉，以及这一方水土独有的精神气质。比方，北京的文化特征，并不在天坛与故宫，而在胡同和四合院中。但我国只有文物保护，没有文化保护，民居不纳入文物范畴．拆起来从无禁忌。而现在问题之严重已经发展到，只要眼前有利可图，即使文物保护单位也照样可以动手拆除。——冯骥才”[1]

“北京的价值在两点：一是平面，可惜城墙拆了；二是在立面，天际线。东方广场体量太大了，把故宫的环境破坏了，这是不应有错误！巴黎曾盖过几幢高楼，大家反对的，就盖到德方斯去了。可是，北京却无动于衷？！现在北京最重要的一点，就是要控制高楼。高楼就代表现代化？玻璃幕墙就是现代化？太幼稚了！——张开济”[1]

6.5.2 关于北京城墙的拆留

（1）第一次拆除——“大跃进”时期

1958 年 1 月，在南宁会议上，毛主席说：“北京、开封的房子，我看了就不舒服。”“古董不可不好，也不可太好。北京拆牌楼，城门打洞也哭鼻子。这是政治问题。”[1] 同月，在第十四次最高国务会议上，毛泽东说：“南京、济南、长沙的城墙拆了很好，北京、开封的旧房子最好全部变成新房子。”[1] 同年 3 月，在成都会议上，

毛主席又说："拆除城墙，北京应当向天津和上海看齐。"[1]

除此之外，当时的部分民众也对于古城墙颇为不满，认为这些是封建阶级遗留下来的糟粕，是压迫百姓的工具；据主张拆城墙的专家说，解放军见了城墙就恼火，因为城墙死了多少人！就这样，北京外城城墙在 20 世纪 50 年代被完全拆除。

（2）第二次拆除——备战时期

1964 年，由于政治原因，中苏关系日趋恶化，双方进入备战状态。1965 年 1 月，工程部门建议："由于现有城墙大部分已经拆除或塌毁，地下铁道准备选择合适的城墙位置修建。这样既符合军事需要，又避免了大量拆房，在施工过程中也不妨碍城市正常交通，可方便施工降低造价。"[1]此后，为修建地铁，内城城墙遭到了彻底的毁坏，北京的城墙现仅存"一对半"，"一对"即正阳门城楼和箭楼，"半"即德胜门箭楼；角楼只留下了内城东南角箭楼。城墙只在崇文门至东南角箭楼之间以及内城西城墙南端残存了两段。

6.5.3　关于 1949 年后的北京城规划

（1）"梁陈方案"[1]

如何协调首都建设与老北京城的保护？梁思成和陈占祥的想法很明确：

"为解决目前一方面因土地面积被城墙所限制的城内极端缺乏可使用的空地情况，和另一方面西郊敌伪时代所辟的'新市区'又离城过远，脱离实际上所必需的衔接，不适用于建立行政中心的困难，建议展拓城外西面郊区公主坟以东，月坛以西的适中地点，有计划地为政府行政工作开辟政府行政机关所必需足用的地址，定为首都的行政中心区域。"（摘录自《城记》，王军，2003 年）

（2）《北京都市计划大纲》

1915 年，时任内务部总长兼北京市政督办的朱启钤开启了对北京城的现代化改造，但好景不长，随着袁世凯的倒台，朱启钤尚未完成的全面改造北京的计划也流产，1928 年，南京国民政府成立，北京改名北平，由于城市地位和功能发生变化，在很长一段时间里，北平的城市建设都处于停滞状态。日伪时期日本主持编制了《北京都市计划大纲》，重视对古建筑的整体保护，但大都停留在纸面构想，1949 年北平解放后，在城市建设方面并未真正实施。

"计划北平将来为中国的首都；保存故都风貌，并整顿为独有的观光城市；政府机关及其职员住宅及商店等，均设于西郊新市区，并使新旧市区间交通联系便利，发挥一个完整都市的功能；工业以日用必需品、精巧制品、美术品等中小工业为主，在东郊设一工业新区；颐和园、西山、温泉一带计划为市民厚生用地。"（摘录自《城记》，王军，2003 年）

（3）北京市都市计划委员会

抗战胜利后，为了更好地保护北平，北京市政府成立了北平都市计划委员会，在《北京都市计划大纲》的基础上，提出了新的《北平市都市计划》，再度重申了北京作为旅游和文化中心的城市功能，试图通过整理旧有的名胜古迹、历史文物、建设游览区，使之成为游览城市，而另一方面发展文化教育，提高文化水平，使北京成为文化城，在不改变北京旧城格局的基础上进行城市现代化建设。

"把北平建设成为现代化都市，注重保存、保护历史文物与名胜古迹；发展旅游区，重视文化教育；继续完成

1　1950 年 2 月，梁思成先生和陈占祥先生共同提出《关于中央人民政府行政中心区位置的建议》，史称"梁陈方案"。

西郊新市区的建设，同时以郊区村镇为中心建设卫星城；城内干道以达各城门为目标。城外设园林式环路，至少两环。城区有轨电车逐渐改为无轨电车，发展郊区汽车。在城区西郊区之间建设地下铁路；城墙内外设绿地；在城墙上端建公园；建立全市的运动场、广场，儿童游戏场，以及公墓等；设煤厂，以气代煤；加强垃圾运输能力；在外城西南建平民居住区，集中建筑新式平民住宅，设市场、商店、菜市等服务设施；此外，还要改市内电话为自动式等。”（摘录自《城记》，王军，2003 年）

（4）华南圭——《北京新都市计划第一期计划大纲》

“对待遗产应区别精华与糟粕，如三大殿和颐和园等是精华应该保留，而砖土堆成的城墙则不能与颐和园等同日而语。”

“城墙被拆除修筑环路，市区内除故宫、天坛、地坛、天安门广场等少数地点外，其余均被道路横平竖直地切割成密密麻麻的小方块。”（摘录自《城记》，王军，2003 年）

这种想法（图 6-2），后来被梁思成批评为“纯交通观点”。

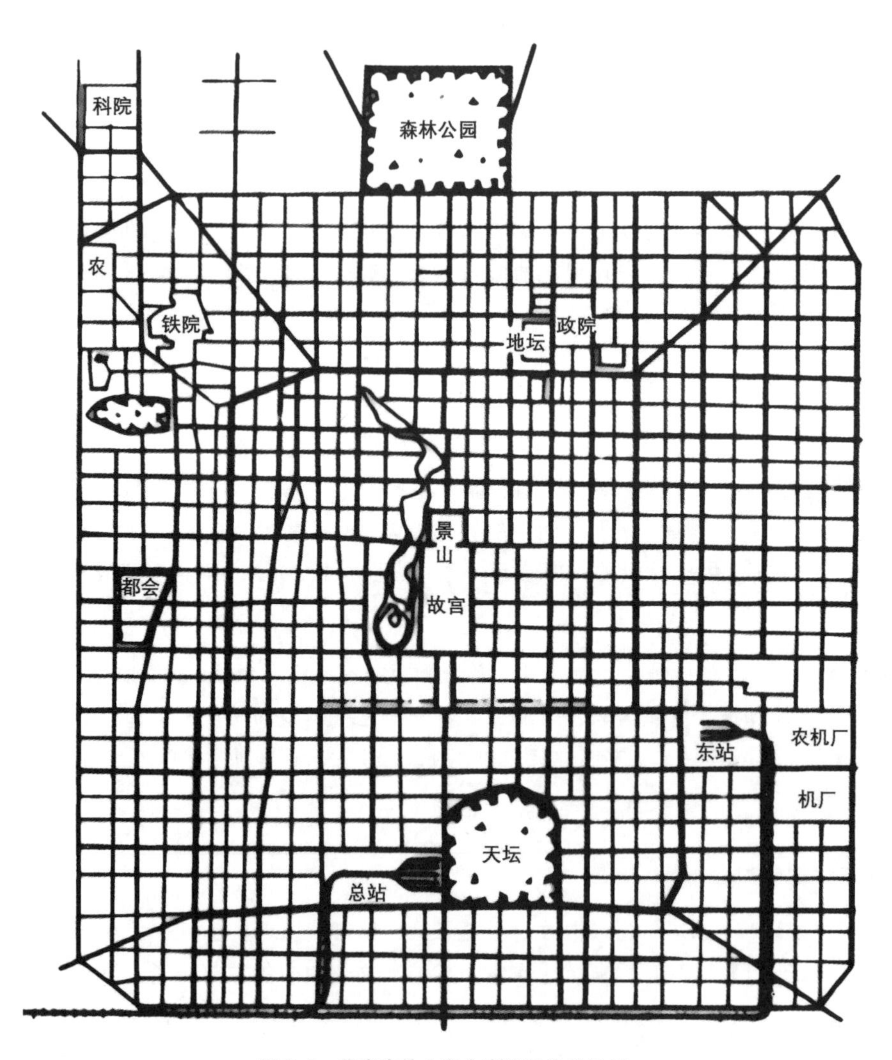

图 6-2　华南圭的北京未来建设格局设想

（图片来源：根据本章参考文献 [1] 相关内容改绘）

（5）朱兆雪，赵冬日——《对首都建设计划的意见》

《对首都建设计划的意见》具体提出：

“行政区设在全城中心，南至前三门城垣，东起建国门，经东西长安街至复兴门，与故宫以南，南海、中山公园之间的位置，全面积六平方公里（平方千米），可容工作人口十五万人。因为：①不破坏，也不混杂或包围任何文物风景，不妨害也不影响，同时是发扬了天安门以北的古艺术文物和北京的都市布局与建筑形体；②各行政单位能集中，能取得紧密联系；③适居于全市的中心，与东西南北各住宅区有适当的距离；④利用城内现有的技术设备基础，可节省建设费 25% ~ 50%（根据苏联城市建设的经验）；⑤中央及政务院拟暂设于中南海周围，将来迁至天安门广场及广场右侧，靠近太庙、南海及中山公园等文物风景，为行政中心，于和平门外设市行政区，适与故宫遥遥相对，靠东因近工商业为财经系统，西就现有基础，划为政法系统与文教系统区域，天安门广场则正为行政中心区所环抱，创新轴，东达市界，西抵八宝山，与南北中心线并美。”（摘录自《城记》，王军，2003 年）

6.6 著作影响

《城记》出版不久即登上三联书店的销售排行榜，还被《文汇读书周报》评为“2003 年中国十大年度图书”，并于 2004 年获台湾吴大猷科普著作奖原创类次奖——银签奖，评委和媒体认为这部著作记叙了北京城半个多世纪演变的历史以及北京城建筑背后的悲欢故事。

该书首次印刷的 1 万多册在短短几个月内就已售罄，随后，它又被连续重印了 3 次，累计销量逾 4 万册，在读者中产生的影响贯穿了 2004 年全年，并且这种影响力已经超越一本书的意义，引发了当前民众对城市规划、城市文化发展的集体反思。《读书》杂志曾为其召开专题研讨会。作者王军也被《中华读书报》评为 2004 年年度人物，《新闻爱好者》评价王军和《城记》可作为一个样本，是记者在研究型道路上发展取得成功的范例[2]。

6.7 延伸思考

1949 年后，北京城的规划建设经过多轮调整与更改，最终没有采用在当下看来更为适合北京的“梁陈方案”。诚然，抛开政治因素，在当时的社会环境下，“梁陈方案”想要实施起来也有一定的难度。

①建国初期的国家财政十分困难，如在西郊大兴土木建新首都，经济上压力很大。

②北京旧城的面积约 62 平方千米，居民有一百多万，相当于一个特大城市。如果抛开旧城建设新城，势必会使旧城状况得不到改建。现代化的新中心与破旧落后的旧城长期共存，这也将是一大隐患。在政治、经济、社会等多重因素影响下，北京城最终的城市规划选择了将旧城改造为新的政治中心，这种“单中心”+“环线”的城市发展模式埋下了巨大的隐患。

将古与今分开发展，有机疏散，以求得新旧两利，是“梁陈方案”的精髓所在，这种“有机疏散”[1]的理念最早由芬兰建筑师 E. 沙里宁所提出，为了缓解因城市过分集中所产生的弊病，主张把扩大的城市范围划分为不同的集中点所使用的区域，这种区域又可分为不同活动所需要的地段。梁思成对这种理论高度赞成，后来还特意把自己的助手吴良镛推荐到沙里宁门下受业。

1 有机疏散理论是沙里宁为缓解因城市过分集中所产生的弊病而提出的关于城市发展及其布局结构的理论。他在 1934 年发表的《城市——它的发展、衰败与未来》一书中详尽地阐述了这一理论。

当下，习近平总书记情系历史文化遗产保护，其在第 44 届世界遗产大会中指出：“世界文化和自然遗产是人类文明发展和自然演进的重要成果，也是促进不同文明交流互鉴的重要载体。保护好、传承好、利用好这些宝贵财富，是我们的共同责任，是人类文明赓续和世界可持续发展的必然要求”。让历史文化遗产保护问题再次上升到新的高度，也使得对北京城规划和建设的回溯和思考成为必要。

放眼国际，与北京同样作为古都及世界闻名的历史文化名城的巴黎，也经历过规划与发展过程中古城保护问题的诸多激辩。1964 年，巴黎市议会根据 1962 年颁布的《马尔罗法案》[1]，建立了马莱保护区，对巴黎历史文化建筑的核心区进行严格的保护。1965 年，巴黎政府对城市进行新一轮的改造，但是这次完整地保留了历史悠久的老城区，并提出以下措施。

①通过建设若干个新城区，将工业、金融业等行业迁出中心区域，并通过修建配套工程、高等级公路、高速地铁等措施，将巴黎市与新城区联系起来。

②通过发展若干个副中心，改变原单中心的城市结构。每个副中心布置有各种类型的公共建筑和住宅，以减轻原市中心的负担。

③新建住房的选址和建设都将秉持可持续发展的理念——尽量与办公、学校、文化和其他各功能区域邻近，以方便居民减少对汽车的依赖，控制污染。

④旧城保护并不是博物馆式保护，而是在保护传统风貌的基础上，让整个旧城区适合现代居住，发挥其不可替代的文化、科教、历史功能，让古代融入现代。在旧城保护和利用过程中，这些古老的建筑或被严格保留原样，或适当添建与改建，成为市民生活中不可或缺的图书馆、酒吧。

与巴黎不同的是，当时的“梁陈方案”受到了重重阻力，最终也未能实现。

看到“梁陈方案”后，毛泽东的回应是：“有那么一个教授，要把我们从北京城里赶出去。”踌躇满志的领袖自然有他的宏伟理想，他要把北京建成一个拥有 1000 万人口的大城市，要把北京建成一个现代化的工业城市：他希望有一个现代化的大城市，希望从天安门上望去，下面是一片烟囱。

梁思成和陈占祥曾经预言，如果将行政中心等城市功能集中在古城区内发展，不但会损毁文化遗产，还将导致大量人口被迫迁往郊区居住，又不得不返回市区就业的紧张状况，“重复近来欧美大城已发现的痛苦，而需要不断耗费地用近代技术去纠正。”50年过去了，预言变成了现实：功能过度密集的中心城区成为吸纳发展机遇的“黑洞”，城市的“大饼”越摊越大，郊区出现的若干个数十万人口的“睡城”更是恶化了这样的局面，城市的交通拥堵和环境污染现象日趋严重。

本章参考文献

[1] 王军．城记 [M]. 上海：生活·读书·新知三联书店，2003.

[2] 吴麟．成就研究型记者——以王军和《城记》为例 [J]. 新闻爱好者，2005(8):9-12.

1 《马尔罗法案》又被称为《历史街区保护法》，其与 1973 年的《城市规划法》一起构成法国历史建筑与历史街区保护工作中最重要的法律防线。

第 7 章

《城市和区域规划》导读

7.1 信息简表

《城市和区域规划》信息如表 7-1 所示，其部分版本的著作封面如图 7-1 所示。

表 7-1 《城市和区域规划》信息简表

<table>
<tr><td colspan="5">Urban and Regional Planning</td></tr>
<tr><td>原著作者</td><td colspan="4">[英文名] Peter Hall
[中译名] 彼得 · 霍尔</td></tr>
<tr><td>译名</td><td colspan="4">[中] 城市和区域规划</td></tr>
<tr><td colspan="2">主要版本</td><td>译者</td><td>出版时间</td><td>出版社</td></tr>
<tr><td>英原著</td><td>第一版</td><td>—</td><td>1975 年</td><td>David & Charles</td></tr>
<tr><td rowspan="3">中译著</td><td>第一版</td><td>邹德慈，金经元</td><td>1985 年</td><td rowspan="3">中国建筑工业出版社</td></tr>
<tr><td>第四版</td><td>邹德慈，李浩，陈熳莎</td><td>2008 年 8 月</td></tr>
<tr><td>第五版</td><td>邹德慈，李浩，陈长青</td><td>2014 年 9 月</td></tr>
</table>

图 7-1 部分版本的著作封面

（图片来源：编著团队根据出版社封面原图扫描或改绘）

7.2 作者生平

彼得 · 霍尔（Peter Hall，1932—2014），剑桥大学博士，英国城市地理学家，当代国际最具影响力的城市与区域规划大师之一。他曾担任伦敦大学巴特莱特建筑学院规划教授，英国社会研究所所长，英国皇家科学院院士和欧洲科学院院士。1998 年，由于在学术上的卓越成就，他被英国女王授予骑士爵位，是在过去的五十年中唯一获得此荣誉的城市规划大师。他长期从事城市区域规划、交通和城市历史文化发展的教学和科研，著作多而又影响广泛深远，编写了《明日之城：一部关于 20 世纪城市规划与设计的思想史》《城市和区域规划》《文明中的城市》《社会城市》《世界城市》等著作。正如李文丽对彼得·霍尔所作的评述：

“到目前为止，彼得·霍尔的学术生涯根据其不同的研究重点大致可以划分为三个阶段，分别为：建立伦敦及欧洲城市规划理论阶段（20 世纪 60 年代至 80 年代初）、探讨以美国城市化为背景的城市化问题（20 世纪 80 年代初至 90 年代初）、建立以全球化为背景的世界范围内城市发展的宏观理论阶段（20 世纪 90 年代初至今）。”（摘录自《论彼得·霍尔的世界城市理论》，李文丽，2014 年）

彼得·霍尔的一系列城市发展、区域规划和城市竞争力等理论开创了一个辉煌的时代，并且仍在影响着全球范围内城市发展的进程。

7.3 历史背景

20 世纪 70 年代后，全球化对欧美发达国家经济社会产生巨大影响，欧盟的建立，高新科技的飞速发展，传统产业的衰退，环境污染、失业等社会问题的日益严重等因素，都明显地影响着欧美国家区域和城市规划的政策调整。在此期间，英国在城市和区域发展中所遇到的问题及其所采取的对策，是具有代表性的。正如邹德慈所作的评述：

“以十九世纪末英国人 E. 霍华德为代表的，有关田园城市的概念，和随后 P. 格迪斯对于城市发展演变某些规律问题的探索和‘城市—区域’理论的产生，以及 P. 艾伯克隆比教授作 Q 大伦敦规划的著名实践，都具有开创性的意义。”（摘录自《评介 <城市和区域规划>》，邹德慈，1986 年））

因此，彼得·霍尔希望通过该著作，梳理出前人是如何将人文地理学引入城市和区域规划的领域，并将城市规划发展到如今以解决社会、经济问题为主要内容，多学科交叉融汇的城市科学的。

7.4 内容提要

《城市和区域规划》主要介绍英国城市和区域规划的历史、规划哲理、技术和立法等问题的演变，向读者展示城市规划这门学科的源起和演进（图 7-2）。正如邹德慈对彼得·霍尔《城市和区域规划》一书所作的评述：

“该书的内容是以英国为主，按历史顺序进行阐述的：最早追溯到十九世纪初产业革命前的规划，一直到本（二十）世纪六十至七十年代控制论、系统论等新学科对规划概念和方法的影响，给读者以一幅纵观规划历史发展演变的、系统而清晰的图像。作者在书中对西方产业革命前后不同的城市问题及早期的城市政策和立法，做了概括性的叙述；对于从十九世纪末到本（二十）世纪四十年代西方主要的城市规划先驱思想家们的理论和观点做了系统的归纳、介绍和评价。第二次世界大战后，英国和其他西方国家渡过恢复时期以后，在社会、经济方面经历了各有特点的发展和变化。本书在概述这些历史背景的前提下，较全面地介绍了英国城市和区域政策的演变，同时也介绍了这段历史时期美国和其他西欧发达国家的情况。”（摘录自《评介 <城市和区域规划>》，邹德慈，1986 年）

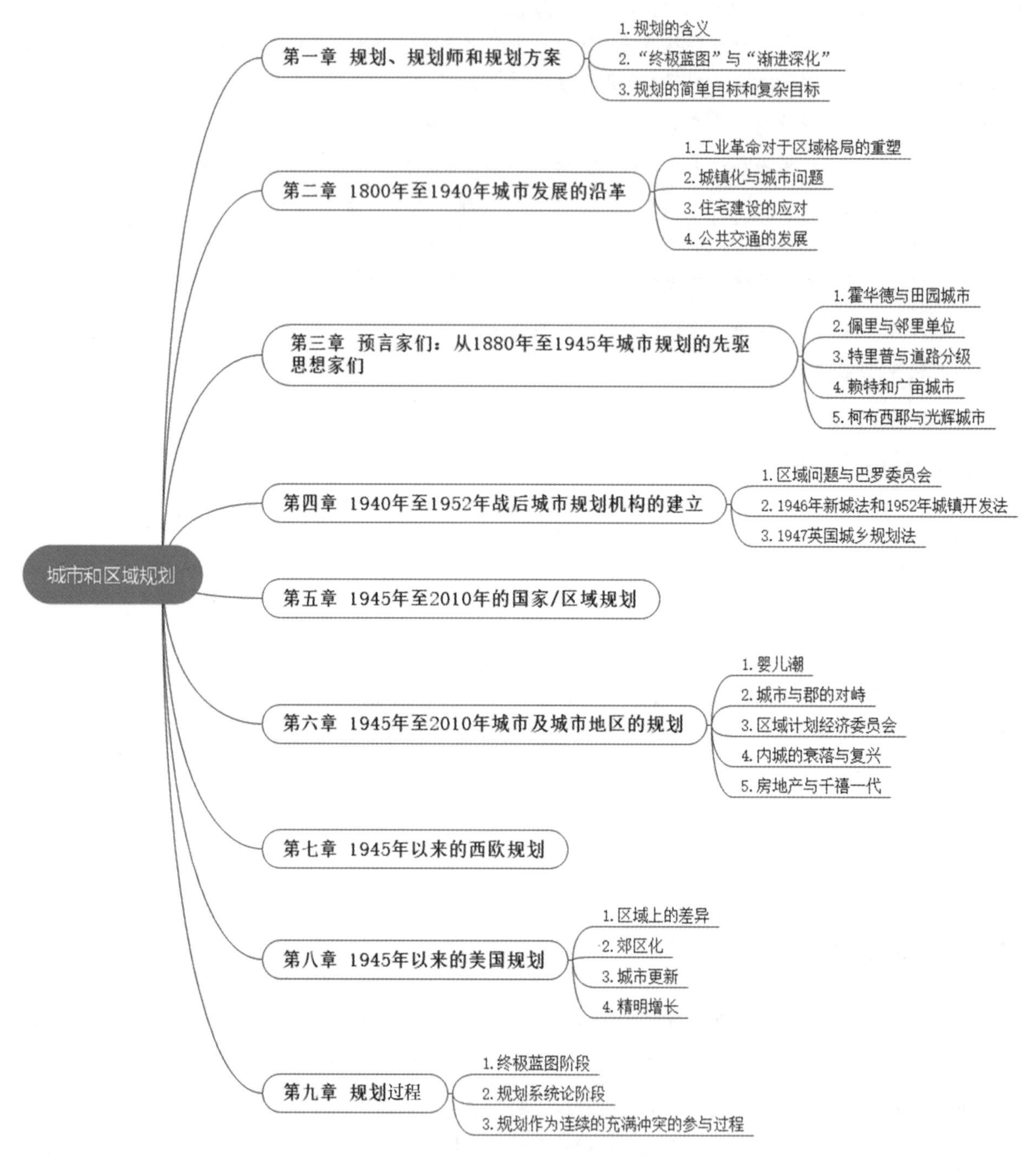

图 7-2 《城市和区域规划》内容提纲

（图片来源：编著团队自绘）

7.4.1 规划、规划师和规划方案

在《城市和区域规划》的第一章，作者简要地阐述了作为著作主题的城市和区域规划的独特性质和独特困难。正如彼得·霍尔在《城市和区域规划》一书中所述：

“总之，规划作为一项普遍活动是指编制一个有条理的行动流程，使预定目标得以实现。它的主要技术成果是书面文件，适当地附有统计预测、数学描述、定量评价以及说明规划方案各部分关系的图解。可能还有准确描绘规划对象的具体形象的蓝图，但是，它不是必不可少的。‘城市和区域’规划通常意味着是一种空间或地域的规划，其一般的任务是为各种活动（或土地利用）提供空间结构。这种规划亦称‘物质环境’（physical）规划，也许称为‘空间’规划更贴切、更准确。总之，城市和区域规划是空间性或物质性的，它用一般的规划方法来编制物质环境设计。由于这种一般方法日益增加的影响，规划愈来愈趋向为一种过程，而不是一次性的（或最终状态的）规划方案。其主题确实是有关城市和区域系统方面的地理学的一部分，但是，规划方法自身却是一种非常复杂的系统管理。而且，它所涉及的范围必然是多方面和多目标的；这是它和其他许多可称为某种空间要素规划行业的区别所在。”（摘录自《城市和区域规划》，彼得·霍尔著，邹德慈译，2014 年）

7.4.2　1800 年至 1940 年城市发展的沿革

图 7-3 为 1800 年至 2000 年伦敦的发展情况。在 1800 年至 1940 年这一阶段，在工业革命的影响下，城市规模快速扩张，新的工业城市也如雨后春笋般发展起来。城市的快速扩张带来了一系列环境卫生问题，引发人们对防止城市蔓延对策的思考。正如彼得·霍尔在《城市和区域规划》一书中所述：

“自从煤成为工业的主要动力——例如，1780 年后在纺织业中煤代替了水能——造成了工业向便于提供各种物资的地方集中的趋势：直接建在煤田上，然后靠近大宗运输。这个客观事实造成了一种新的现象：在兰开夏、约克郡、达勒姆（Durham）和斯塔福德郡（Staffordshire）的煤田，新的工业城市，几年内就几乎从无到有，或者可能从一个原来是小而偏僻的村庄发展起来。同时，那些既不是港口也不是煤田的城市却在工业发展上停滞不前。流入 19 世纪英国蓬勃发展的工业城市和港口城市的人口，绝大多数来自农村。农村人口中较贫穷的那部分人，来到城市，‘得’多于‘失’。这样的后果是可以预计到的：有限的供水逐渐被污水污染了；污水的处理远远不敷需要；而各种各样的污秽都伴随着人口的密集而来，供水不足或者时常间断，个人卫生很差；每英亩土地上的住户和每间房的居住人口数愈来愈多，拥挤的状况日益恶化；在曼彻斯特或利物浦这样的一些城市，住地下室已经是‘家常便饭’了；医疗设施和公共卫生管理，几乎完全是空白。”（摘录自《城市和区域规划》，彼得·霍尔著，邹德慈译，2014 年）

城市无计划地蔓延导致农田被大量占用，交通拥挤程度也在日益增长，因此城市规划师和农村保护主义者开始思考防止城市蔓延的政策，“城市绿带”等一系列限制城市蔓延的政策开始付诸实践。

7.4.3　预言家们：从 1880 年至 1945 年城市规划的先驱思想家们

20 世纪上半叶，科技、经济、社会发生了跨时代发展，在此期间，一批先驱思想家也对城市问题进行了跨时代的思考，这些思想家分为两派：英美派和欧洲大陆派。

在《城市和区域规划》第三章中，作者对英美派和欧洲大陆派的先驱思想家的规划思想和实践工作分别进行了简要的介绍。正如彼得·霍尔在《城市和区域规划》一书中所述：

“英美派的所有思想家中，占首位和最有影响的，要推 E. 霍华德（Ebenezer Howard，1850—1928 年）。他的著作《明日的田园城市》（1898 年初版时以《明日》为题，1902 年再版时采用现在这个著名的标题）是城市规划历史上最重要的著作之一。在这样的背景下，霍华德论证了一种新型的居民点——‘城市—农村’或田园城市，它既体现了城市的有利条件在于‘近便’，又体现了农村的有利条件在于‘环境’，而同时避免了两者的不利条件。C. 佩里（Clarence Perry，1872—1944 年）发展了邻里单位的思想，使它不仅是一种实用的设计概念，而且成为一种经过深思熟虑的社会工程（social engineering），它将帮助居民对所在社区和地方产生一种乡土观念（他的思想基于田园式城郊的模式，曾在1912年参与规划了纽约市的Forest Hills花园）。他建议一个邻里应该按一个小学所服务的面积来组成，服务半径应不超过1/2至3/4英里（合0.8~1.2千米——译者注），包括大约1000个住户，如按当时平均的家庭人口规模计算，相当于居民5000人左右。1942年，一位富于想象力的伦敦苏格兰场交通警察助理总监H. A. 特里普（H.Alker Tripp，1883—1954年），出版了一本名为《城市规划与交通》（*Town Planning and Traffic*）的不显眼的小书。在特里普的书中，最新颖的建议莫过于这样一种思想，就是英国城市的战后重建应该建立在'划区'（precincts）的基础上，即用新的系统来代替那种造成车辆拥挤、加剧交通事故、功能混杂而且与地方道路有过多交叉点的城市主要道路网。特里普论证了道路分级的重要，并把主干路和次干路与地方支路明显地分离开。主、次干路只允许偶然地进入街区，并且避免沿街建设房屋。格迪斯对规划的贡献就是牢固地把规划建立在研究客观现实的基础之上，即周密分析地域环境的潜力和限度对于居住地布局形式与地方

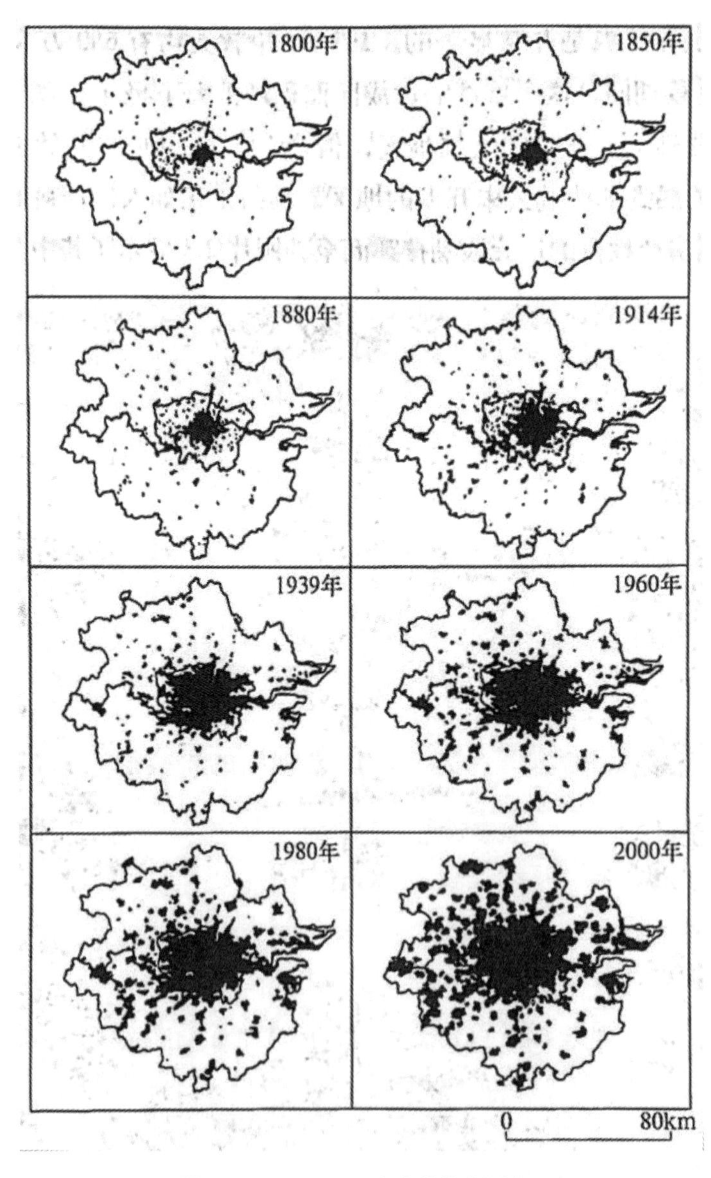

图7-3　1800—2000年伦敦的发展情况

（图片来源：根据本章参考文献[3]相关内容改绘）

经济体系的影响关系。这促使他突破了城市的常规范围，而强调了把自然地区——法国地理学家们感兴趣的分析单元——作为规划的基本框架（basic framework）。赖特把他的思想建立在一种'社会'的前提下，即希望保持他自己所熟悉的，1890年代左右，他在威斯康星州（Wisconsin）那种拥有自己宅地的移民们独立的农村生活。然后在这样一个基础上予以实现：即北美的农户们开始广泛使用汽车，并且由于大量使用汽车，使城市有可能向广阔的农村地带扩展。赖特论证，随着汽车和廉价的电力遍布各处，那种把一切活动集中于城市的需要已经终结。分散——不仅是住所而且也包括就业岗位——将成为未来的法则。他建议接受这一点，而且应该通过规划，促进一种完全分散的、低密度的城市发展形式。这就是他称之为的'广亩城市'（broadacre city）。"（摘录自《城市和区域规划》，彼得·霍尔著，邹德慈译，2014年）

欧洲的传统规划思想起源于古希腊。正如彼得·霍尔在《城市和区域规划》一书中所述：

"如同我们在这里提到的许多其他思想家一样，在与英美传统相对立的欧洲传统中，占首位的代表人物是西班牙工程师A. S. Y马塔（Arturo Soria Y Mata，1844—1920年）。他在历史上占有一定的位置是由于他提出了一个重要的基本思想。1882年，他建议发展一种带形城市（La Ciudad Lineal），就是使现有城市沿着一条高速度、高运量的轴线向前发展。他的论证是，在新的集约运输形式的影响下，城市将发展成带形的。T. 卡尼尔（Tony Garnier，1869—1948年），一位在里昂（Lyon）工作的建筑师，于1898年（也就是霍华德作品发表的那年）设计了一种工业城市（Cité industrielle）。卡尼尔选择实现其构想的城址就位于里昂外围，而且设计了一个相当奇特的线形城镇，沿着线形方格网发展。因此，这个规划总图并没有什么独创性，但是带私家花园的独户住宅详细设计在当时的法国却是非常新奇的。德国同样产生了田园城市的萌芽，并产生了一些有趣的结果。最著名的例子是法兰克福（Frankfurt am Main），1920年代，建筑师和城市规划师E. 梅（Ernst May，1886—1970年）在建成区外围开发了一系列卫星城（Trabantenstädte），并用一条绿带与主城适当分隔。他（L. 柯布西耶）关于规划的中心思想包含在两部重要著作之中：《明日的城市》（*The City of Tomorrow*，1922年）和《阳光城》（*The Radiant City*），现在已经有英译本。第一，他认为传统的城市由于规模的增长和市中心拥挤程度的加剧，已经出现功能性的老朽。第二，可以用提高密度来解决拥挤的弊端这么一个反论（paradox）。第三，主张关系到城市内部的密度分布。第四，也是最后一点，柯布西耶论证了新的城市布局形式可以容纳一个新型的、高效率的城市交通系统。"（摘录自《城市和区域规划》，彼得·霍尔著，邹德慈译，2014年）

7.4.4　1940年至1952年战后城市规划机构的建立

这一章的内容遵循着发现问题—成立组织—研讨报告—立法的顺序，同样也是所有国家从城市开始建立到最终形成完整规划体系所必经的一条路。当规划走向立法，说明这个国家的规划开始走向成熟并建立了科学的体系。正如彼得·霍尔在《城市和区域规划》一书中所述：

"直到1929—1932年的经济大衰退以后，人们才完全意识到需要国家/区域规划，这就引发了一系列的事件，包括第二次世界大战后英国城市规划机构的建立。"（摘录自《城市和区域规划》，彼得·霍尔著，邹德慈译，2014年）

20世纪上半叶，英国北部地区的工业城市开始衰落，人口向以伦敦为代表的南方城市迁移（图7-4）。为了解决这样的问题，平衡区域间的差异，英国政府任命了一个研究工业人口地理分布的皇家委员会——巴罗委员会。正如彼得·霍尔在《城市和区域规划》一书中所述：

"巴罗报告在战争爆发初期提交政府，实际公布于1940年2月，敦刻尔克（Dunkirk）战役前几个月。不久以后，战争动员工作完全吸引了大多数人的注意力。但是，与此同时，一种对未来显然具有自信的情绪使战时政府对巴罗报告建议的问题做了深入的研究。

其结果是，1941—1947 年集中地出现了一批委员会的工作成果和报告文件。一系列官方报告（不是来自各专家委员会，就是来自各规划班子），就规划的各个专门方面向政府提出建议。这些通常以委员会主席或班子领导人——斯科特（Scott）、尼斯瓦特（Uthwatt）、阿伯克龙比、里思（Reith）、道尔（Dower）、霍布豪斯（Hobhouse）——命名的报告，构成了第二次世界大战后英国城市和区域规划体系的基础。而后，1945—1952 年，第二次世界大战后历届政府贯彻了这些建设，同样突出地出现了一系列立法活动。"（摘录自《城市和区域规划》，彼得·霍尔著，邹德慈译，2014 年）

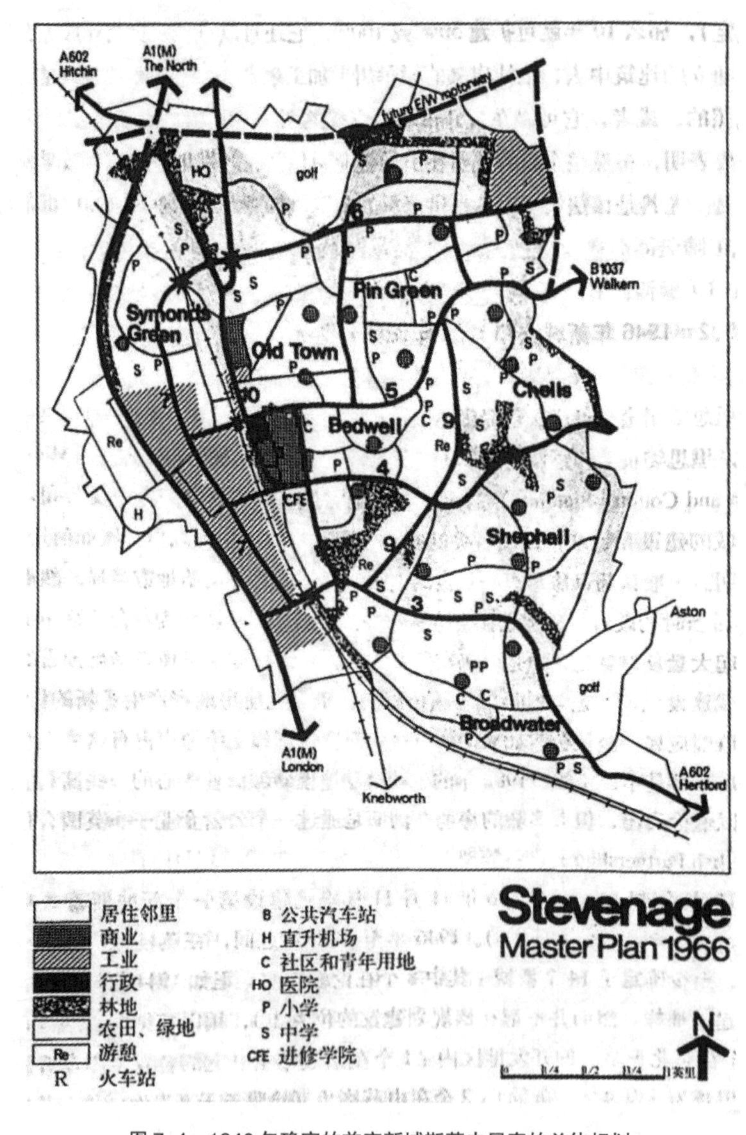

图 7-4　1946 年确定的首座新城斯蒂夫尼奇的总体规划

（图片来源：根据本章参考文献 [3] 相关内容改绘）

在第二次世界大战末期，已经完成的各个报告构成了一套强有力的规划体系蓝图，但这些蓝图并不能保证马上付诸行动，因此强烈的改革情绪促进了把各项建议变为法律的行动。正如彼得·霍尔在《城市和区域规划》一书中所述：

“不论是按时间顺序还是按逻辑顺序，居首位的是1945年工业分布法，它是在7月选举前不久由联合政府通过的。其重要性在于它使政府全面控制了工业分布。在里恩委员会的最终报告提出不久，1946年新城法（New Town Act）迅速批准生效。里恩委员会的建议得到尊重。新城由1943年建立的城乡规划部（Ministry of Town and Country Planning）的大臣正式确定位置，并建立一个开发公司，负责该新城的建设和管理。在该法通过以后，于1946年11月11日确定建设第一个新城斯蒂夫尼奇（Stevenage）。1946年至1950年，在英格兰、威尔士和苏格兰，至少确定了14个新城：其中8个在伦敦周围，正如1944年阿伯克龙比规划的建议那样（然而并不都在该规划建议的位置上），用以接纳伦敦的过剩人口；2个在东北英格兰的开发地区内；1个在南威尔士（它的位置虽不在开发地区内，但是为开发地区服务的）；2个在中苏格兰（除服务于开发地区外，其中有一个还要接纳格拉斯哥的过剩人口）；最后有1个附属于第二次世界大战前建设的一个钢厂。1947年法是英国议会通过的最长、最复杂的立法之一，它是第二次世界大战以后建立的整个规划体系的奠基石。没有它就不可能对土地利用和新的开发进行有效的控制。1947年法最重要的特征，是土地开发权的国有化。”（摘录自《城市和区域规划》，彼得·霍尔著，邹德慈译，2014年）

7.4.5 1945年至2010年的国家/区域规划

1945年之后，英国区域规划管控的一个重点是平衡区域间的发展差异，英国的老工业基地振兴是这个时期的一个重要旋律。正如彼得·霍尔在《城市和区域规划》一书中所述：

“几乎从1945年至1980年的整个时期，国家/区域级规划政策压倒一切的最重要的目标是创造就业岗位。更确切地说，是降低失业率和开发地区人口外流的比率。区域经济政策有一系列的目标，包括提高工业的效率和按总人口平均或按工人平均的区域总产值的水平，改善区域内的收入分布，以及其他许多方面的差异。”（摘录自《城市和区域规划》，彼得·霍尔著，邹德慈译，2014年）

英国经济地理的基本特点在第二次世界大战后发生了深刻的变化，于是便相应调整工业结构，对弱势地区进行补偿和援助，通过建立新城或者新工业区进行就业疏导等。但是随着政策的实施，这种格局逐渐变为核心－边缘模式（图7-5），大规模老城镇集聚区的就业机会在流失，而位于边缘的大部分乡村地区就业在增加。由于道路交通极大改善、劳动力素质提高以及良好的居住环境带来了区位优势的均衡化，反而老城镇集聚区出现了消极发展的态势，这时就需要区域政策和规划的相应改变来应对这种问题的出现。

20世纪末是新自由主义的黄金年代，也直接影响了规划的思想与实践。公众参与和程序正义在规划过程中的地位越来越高，去中心化的趋势开始在英国规划体系中发展，中央政府对重大跨区域工程中的决定性作用受到削弱。正如彼得·霍尔在《城市和区域规划》一书中所述：

“相比之下，英格兰采取了一种‘平和’的‘区域主义’形式，在一个不固定的体系机构中，包含了诸如区域开发机构、区域协调单元中的政府办公室，区域协会，以及新近的区域联盟。它往往难以获得一致意见。

英国的国家决策对区域的影响也应该引起关注，特别是在重要的基础设施发展以及应当由谁来决策等方面。随着各层次的规划日益朝向公众参与的方向发展，而中央政府则不愿将大型项目的决策公之于众，有必要重新引入一种中央主导的规划模式，即使这会使有争议的开发项目成为影响选举的潜在问题。”（摘录自《城市和区域规划》，彼得·霍尔著，邹德慈译，2014年）

如何重新引入一种中央主导的规划模式，在不影响该国民主传统、民主进程的前提下，又能统筹全局，确保国家的行动力，是英国规划未来最大的挑战。

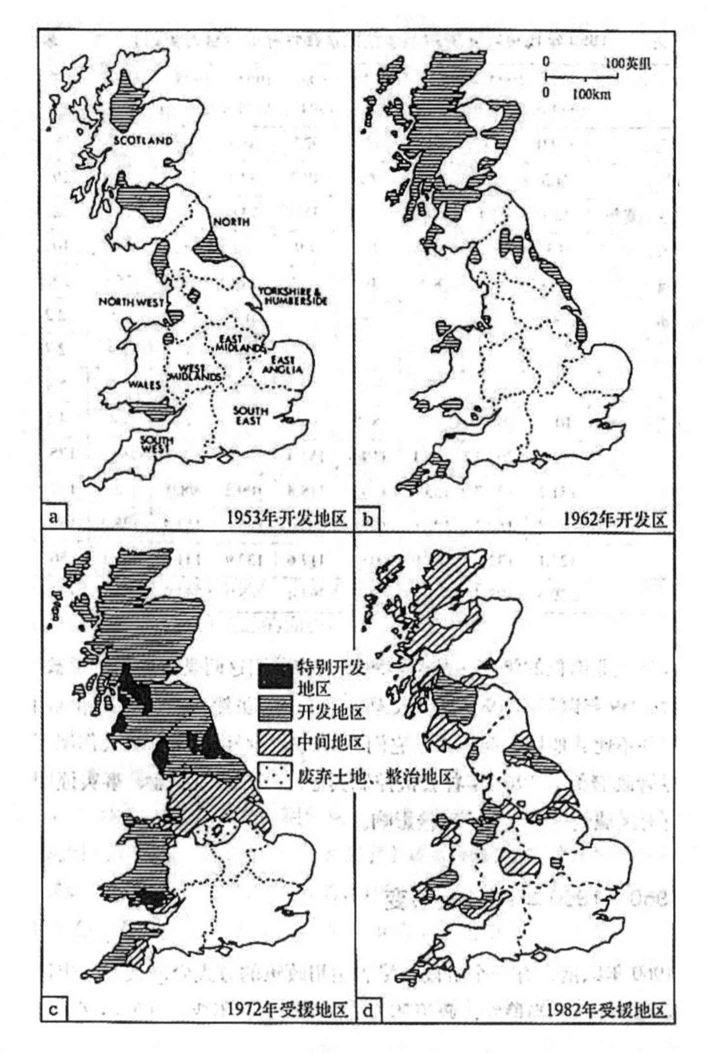

图 7-5　1945—1988 年英国区域发展的模式

（图片来源：根据本章参考文献 [3] 相关内容改绘）

7.4.6　1945 年至 2010 年城市及城市地区的规划

第二次世界大战之后，英国经历了除产业革命以外任何其他时期都无法比拟的高速发展阶段。这段时间的较早部分是英国历史上人口空前增长的时期之一，地区强烈的人口自然增长趋势，持续地对大城市地区内部和周围新城市的发展施加压力，迫使规划目标、方法与体制进行大的调整。正如彼得·霍尔在《城市和区域规划》一书中所述：

“它们真正地认识到，持续的人口增长这个客观事实要求制定积极的区域战略，其范围包括城镇集聚区及其周围的广阔地区。这些报告表明，这个广阔地区比地理学家们为便于购物往返而确定的通常所谓的‘影响范围’要大得多；在某些情况下，近似于为制定经济发展计划而划定的广阔区域。这些有关新城和扩建城市的战略，即使对处于待开发地区的那些城镇集聚区也是必需的；那里尽管有持续的人口外流，但由于清除贫民窟和人口自然增长的因素仍然需要一个积极安置过剩人口的政策。”（摘录自《城市和区域规划》，彼得·霍尔著，邹德慈译，2014 年）

20世纪70年代的英国规划体制改革，未能认识到当时城市地理的实际特点，两级政府的创立产生出强势、经常对立的规划官僚机构，沿袭传统的郡的边界。早期是限制增长的，因而产生了一些内城衰败的问题，传统内城因为就业问题使得各种贫困现象不断发展，尽管有大量的非贫困人口，但是政府仍然应该集中内城的资源去解决棘手的失业、贫穷和物质匮乏的问题。20世纪80年代撒切尔政府强调了对私营建设计划不加限制的基调，权力逐渐从郡转向区。地方权力机构和政府更加热衷于那些能够创造就业岗位的新型工业和商贸业的发展项目，英国的景观逐渐被城镇边缘区的许多工业、仓库、旅馆和大型超级市场所改变。20世纪90年代发生了大的逆转，其他的一些城市陆续加入伦敦的行列中来，即在经过了半个世纪的人口衰退后开始出现人口的增长转变，城市复兴有了新的诉求，政府制定了新的规划政策和区域政策，建立了区域联盟，对整个区域的发展有了专门的指导机构去进行政策制定和修改，区域空间战略的整个前景，是密切地与整个区域的发展期望联系在一起的，区域整体发展既是一个趋势也是每个国家在城市发展过程中一定会经历的一个过程。

7.4.7 1945年以来的西欧规划

西欧大陆国家的工业化比英国来得迟，不但工业化的方式大不相同，其空间效果也很不一致，但其和英国的主要经济、社会趋势是相同的。作者以法国的规划、德国的经验、意大利的区域开发、斯堪的纳维亚的城市地区规划、荷兰兰斯塔德区域开发为例，这些国家由于人口过于稀少分散，难以支持现代的服务设施，以致许多集镇大大低于原计划的规模，造成住房短缺、交通拥挤、上班过远、地价飞涨、用地不足、不敷需要的公共设施等，而一些农村地区则接收了从城镇集聚区分散出来的人口和活动，因而重获发展的动力，区域也产生了不平衡的问题，为了解决这些问题，各个国家都针对自身情况发展了一套区域政策，正如彼得·霍尔在《城市和区域规划》一书中所述：

“第一点涉及国家/区域规划的是，所有这些国家都有中央—外围的对立，虽然表现形式不一。许多欧洲规划师面临的问题是欧盟将强化而不是削弱这种不平衡。当前欧盟27个国家显然是被强大的、联系各主要城市地区的贸易通道拴在一起——如莱茵河，较重要的阿尔卑斯山隘口或罗讷－索恩（Rhone-Saone）走廊以及法国和意大利北部的地中海沿岸。这些城市地区沿着上述通道有着日益增长的经济联系，使外围地区的发展似乎更加渺茫。沿上述通道的新高速公路或高速铁路等技术进步加剧了边缘地区的‘边缘化’。而且，增加城市地区的经济发展机会，有可能会加速农业人口减少的进程。第二点涉及有关国家/区域范围问题的处理方法。总的来说，除法国对巴黎大区的新建设有所控制外，这些国家显然都避免采取像英国从1945—1982年对工业发展实行的，以及1964—1965年以来对事务所的发展也实行的那种消极的控制。它们主要依靠引导，通常是对在开发地区建设的新工业提供建筑和设备的拨款或贷款，并提供国营的基础设施，尤其是改善对外交通。为了促使开发地区经济发展，他们还试行了一项政策，即向开发地区中位置有利的城镇提供帮助——虽然这种政策的表达方式有很大不同，从巨大的法国平衡性大都市到较小的德国偏僻乡村地区的建设村（Bundesausbauorte）。这些政策取得多方面的成功，但不能说成果辉煌。”（摘录自《城市和区域规划》，彼得·霍尔著，邹德慈译，2014年）

7.4.8 1945年以来的美国规划

美国在战后也经历了人口增长、城市扩张等，出现了一系列问题。尽管提出了新城市主义和精明增长的理论，仍然无法解决大部分的城市问题，因此在众多规划大师出现的欧洲面前，美国的规划稍显脆弱。美国土地使用管理体制的实际核心不在于规划，而在于区划，且通常与规划系统分开，由属于每个地方行政区域的、各自的区划委员会来管理，这就造成了区域之间不沟通，最终导致发展不平衡的问题。正如彼得·霍尔在《城市和区域规划》一书中所述：

“作为这些失败的结果，无疑地，现代美国——可能比任何西欧国家都在更大程度上——表现出惊人的畸形。

必须认为这种畸形是城市政策的失败。一方面，普遍存在着高水平的物质财富；另一方面，少数人生活在极端贫困中，比一般水平低得太多。一方面，在城郊住宅和新公路建设等领域取得很大成就；另一方面，内城在瘫痪和衰退。一方面，普遍的个人富裕处于世界上其他地方没有达到的水平；另一方面，在一些地方凋残的景观和城市衰落导致了实际的公害。”（摘录自《城市和区域规划》，彼得·霍尔著，邹德慈译，2014 年）

在美国长期大规模的分散化和郊区化的趋势下，一些新城市主义成功的范例给区域发展提供了较好的案例，引导未来美国城市的发展方向。

7.4.9 规划过程

作者将规划理论的演变过程分为三个独立的阶段。正如彼得·霍尔在《城市和区域规划》一书中所述：

“我们将规划理论的演变过程分为三个独立的阶段。第一个阶段称为总体规划或蓝图计划时期，这个阶段从萌芽时期持续到 1960 年代中期，以《1947 年城镇与乡村规划法》颁布之后的早期开发规划为典型案例。第二个阶段称为规划系统论时期，这一阶段始于 1960 年左右，通过 1965 年规划顾问集团（Planning Advisory Group，PAG）及《1968 年城镇与乡村规划法》取代了第一种方法。第三阶段于 1960 年代末和 1970 年代开始形成，以‘规划作为连续的充满冲突的参与过程’的理念为标志，显得更为复杂。”（摘录自《城市和区域规划》，彼得·霍尔著，邹德慈译，2014 年）

通过介绍从蓝图到系统规划的转变，继而阐述向参与式冲突规划的更为复杂的转型，作者意在对不断发展变化的规划过程建立概念。正如彼得·霍尔在《城市和区域规划》一书中所述：

“因此，我们建议对于规划的认识，重点并不在于分配程序本身，福利国家环境下或撒切尔时代的规划形式，而是将规划作为一种战略职责和政治整合机制，以黏合那些日益增多的工作于不合适的机构中的碎片化参与者。所有的参与者都有各自的议事日程、政治目标、战略和资源，但需要协作才能完成项目和实现发展。规划被要求来保障政府内部、政府与民众、政府与市场之间的相关工作和战略的协调，并延续其在城镇和国家规划体系内相对更为传统的土地利用规划角色。在 2004 年以后，这样的责任已经在新的管理政策中赋予规划重要的作用，也已经影响了 21 世纪的专业规划机构和规划人员在承担上述角色时的行为方式。

问题最终又回到：规划的方法论到底是什么？规划如何寻求这一系列重要问题的解决方案？答案当然是：通过对系统方法的某种改进。规划不需要具备解决复杂问题的速成能力，甚至也不需要是一种独特的专门技术，更不可能知道究竟什么对人们有益。相反，规划应该是探索性和引导性的。其目标应该是引导社区清晰和合理地思考如何解决他们的问题，特别对于一些更加微妙的关乎公平或增长的根本问题。它应该试图研究行动的不同方向，并尽可能追踪每一种行动方向对于不同地方、不同群体的影响作用。它不应回避‘谁代表谁行使政治权力，有何法律依据’这个难题。它应该提出建议，但不应强加规定。它应谨慎地认为规划师可能比普通人更胜任这类分析，但规划师不是唯一专家；换句话说，规划旨在为民主而透明的决策过程提供资源。这才是规划可以合法做的事情。这也是过去 70 年的规划经验所传达的真正信息。”（摘录自《城市和区域规划》，彼得·霍尔著，邹德慈译，2014 年）

7.5 学术思想

规划一开始并不是一个连续的、渐进式的过程，而是在与城市发展相互影响中，逐渐由描绘城市终极蓝图式的目标愿景型规划演化而来。正如邹德慈对彼得·霍尔《城市和区域规划》一书所作的评述：

“英国是最早出现产业革命的资本主义国家。资本主义工业化和人口城市化对城市的空间结构产生了深刻的影响，而这些影响在英国近百年的城市发展过程中，表现得尤为典型。英国在城市和区域发展中所遇到的问题，及其所采取的对策，在西方国家是有代表性的。正是这些先驱者们开始把人文地理学‘引入’城市和区域规划的领域。如果加上经济学、社会学、生态学和以后很多新学科的渗入，使传统的、以环境卫生和空间艺术构图为主的城市规划，发展到今天这样一种以解决社会、经济目标为主要内容的，多学科交叉融会的城市科学，实非偶然。”（摘录自《评介 < 城市和区域规划 >》，邹德慈，1986 年）

作者从两个层面来观察问题，即国家 / 区域和区域 / 地方。前一个层面是大范围的，与国民经济相联系的，区域开发型的规划；后一个层面是小范围的，城市区域的物质环境性规划。这样的区分有利于把国家—区域—地方（城市）的不同问题和对策予以清晰地辨识。因此从城市的角度入手，彼得·霍尔将英国的城市发展历程分为国家 / 区域中城市的活力与衰退，及区域 / 地方中的分散与集中，梳理这一过程中规划工作是如何应对城市问题的。

7.6 著作影响

彼得·霍尔在本著作中，将当时的规划主题置于复杂的历史语境之中，对欧洲和美国的规划经验进行了深思熟虑的评论，并就规划进程与其相关的政治活动和空间变化一并加以审视。在概述这些历史背景的前提下，本著作较全面地介绍了英国城市和区域政策的演变，同时也介绍了这段历史时期美国和其他西欧发达国家的情况。读者不仅可以通过本著作了解传统的规划理论和方法在第二次世界大战后的发展和变化，又可比较西方各国在规划领域方面的异同。本著作是国内外学者了解欧美，尤其是英国现代城市规划理论、政策和实践的入门书。

7.7 难点释义

区域规划包含两种不同层次的空间范围，作者提出用两种名称来区分，即国家 / 区域规划和区域 / 地方规划。正如彼得·霍尔在《城市和区域规划》一书中所述：

“大范围的经济开发型规划最好称为国家 / 区域规划（national/regional planning），因为它实际上是把各个区域的开发和国民经济的发展联系起来，小范围的物质环境型规划可以称为区域 / 地方规划（regional/local planning），因为它要把一座城市区域的整体和该区域各局部地方的开发联系起来。”（摘录自《城市和区域规划》，彼得·霍尔著，邹德慈译，2014 年）

明确区分两种不同空间尺度的区域规划，可以更清晰地针对不同规划单元制定合理的规划策略和政策。正如邹德慈对彼得·霍尔《城市和区域规划》一书所作的评述：

“这样的区分有利于把国家—区域—地方（城市）的不同问题和对策予以清晰地辨识。纵观 20 多年来，欧美的国家 / 区域政策的重要核心之一始终围绕着缩小区域差距这个问题（欧盟则涉及 27 个国家之间的问题）。区域 / 地方层面的首要问题往往是就业和消除贫困。这似乎是全球化竞争、高科技发展和产业结构调整中带有全球性的问题。‘集中’与‘分散’，采取什么样的空间形态，几乎是上百年来空间规划的一个中心问题。欧盟规划提出的‘有分散的集中’和‘多中心’的原则，是出自他们的具体情况。城市空间的无限蔓延是美国几十年来城市发展形态上一个重要的现象和问题。美国出现的‘精明增长’和‘新城市主义’理念试图解决这个问题。”（摘录自《< 城市和区域规划 > 译后记》，邹德慈，2008 年）

本章参考文献

[1] 李文丽 . 论彼得・霍尔的世界城市理论 [D]. 上海：上海师范大学，2014.

[2] 邹德慈 . 评介《城市和区域规划》[J]. 城市规划，1986(4):63.

[3] 霍尔 . 城市和区域规划 [M]. 邹德慈，李浩，陈长青，译 . 北京：中国建筑工业出版社，2014.

[4] 邹德慈 .《城市和区域规划》译后记 [J]. 城市规划，2008(10):65.

第8章

《明日的田园城市》导读

8.1 信息简表

《明日的田园城市》信息如表 8-1 所示，其部分版本的著作封面如图 8-1 所示。

表 8-1 《明日的田园城市》信息简表

Tomorrow: A Peaceful Path to Real Reform				
原著作者	[英文名] Ebenezer Howard [中译名] 埃比尼泽·霍华德			
译本	[中] 明日的田园城市			
主要版本		译者	出版时间	出版社
英原著	第一版	—	1898 年 10 月	Taylor & Francis
	第五版		1965 年	MIT Press
	其他版		2007 年	Rout ledge
			2009 年	Biblio Life
			2009 年	Dodo Press
			2010 年	City Planning Books
			2011 年	Create Space
中译著	第一版	金经元	2000 年 12 月	商务印书馆
	第二版		2010 年 12 月	
	第三版	包志禹	2020 年 1 月	中国建筑工业出版社

Ebenezer Howard

GARDEN CITIES of To-Morrow

edited with a preface by F.J. OSBORN

Introductory essay by LEWIS MUMFORD

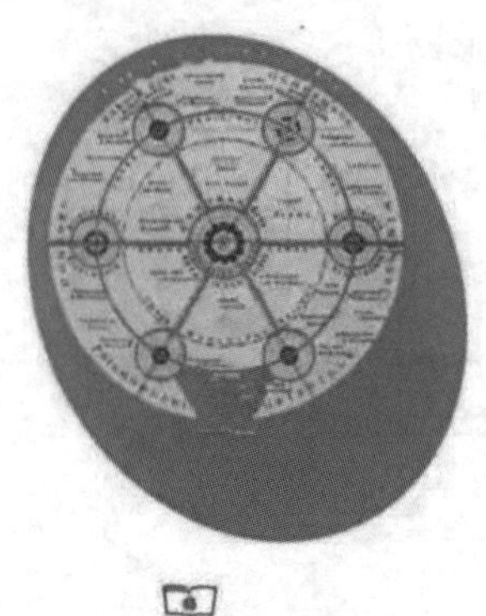

商务印书馆

图 8-1 部分版本的著作封面

（图片来源：编著团队根据出版社封面原图扫描或改绘）

8.2 作者生平

作者埃比尼泽·霍华德（Ebenezer Howard，1850—1928），20世纪英国著名社会活动家、城市学家、风景规划设计师，“花园城市”之父，英国“田园城市”运动创始人。1850年，埃比尼泽·霍华德生于伦敦一个中产下层家庭，父亲是甜品店老板，母亲是农家女。家中9个子女，霍华德4岁半被送入寄宿学校，15岁辍学成为职员，18岁自学速记，当了牧师的助手，21岁前往美国，经历创业失败后，进入一家速记公司参与报道芝加哥法院的工作。26岁的霍华德回到英国，继续靠速记为生，受聘于享有独家报道议会大厦官方消息的公司。他终生以速记收入为生，直到1920年退休。晚年时期，他作为国际田园城市和城市规划协会主席，把全部精力用于两座田园城市的建设。

8.3 历史背景

19世纪下半叶，是英国自由贸易资本主义发展鼎盛的“维多利亚时代”，见证了大英帝国的全盛。伦敦成为国际金融、贸易中心。资本主义工业化给城市面貌和城市生活带来重大变化。一方面，科学发明浪潮汹涌澎湃，民主主义、工人们的工会、社会主义、马克思主义以及其他现代运动都在这个时代成形。另一方面，随着工业的发展，农村大量劳动力涌入市区，使城市人口与用地规模急剧膨胀，也使城市原有市政基础设施不堪重负，住宅供需问题突出，城市的居住生活环境持续恶化，贫富差别日益悬殊，贫民窟与华屋美宅的现象随处可见，阶级矛盾日益突出。

19世纪70年代过渡到80年代的时候，伦敦这座城市正处在社会和思想的大动荡之中。整座城市是各种激进活动和“各种伟大事业”的发源地。19世纪80年代后期，引起全社会激烈辩论的话题之一就是土地问题，基本原因是当时英国的农业正处于严重的结构性危机之中。1883年英国成立了英国土地复兴联盟，主张“把税收的征缴完全转移到土地价值上来”，1889年初，第一次伦敦郡议会中，根据土地价值进行征税的主张成为非常普遍的声音。但后来又产生了分歧，有些人转入社会主义思想，随着时间推移，逐渐形成了土地的国有化。这场19世纪最后20年的土地大辩论，从根本上讲，代表了两个阶层争夺主导权的斗争。一方面是旧有的拥有土地的阶级，他们是工业时代初期的既得利益群体，另一方面是新兴利益群体，他们力图破除土地财产拥有者对社会生活的影响。

这些城市问题引起很多的政治家、社会学家的关注和争论，在那个时代能否通过改革来建立一种人人可以享有艺术和文化、公平与民主的社会？城乡发展何去何从困扰着那个年代几乎所有的人。在这样的形势下，伦敦政府开展了大量调查研究工作，以求找到一条出路，同时授权霍华德进行城市调查并提出整治方案。

8.4 内容提要

本节主要根据金经元先生的中文译本进行概述。全书分为译序、作者序言和正文，其中正文部分共十三章（图8-2）。

《明日的田园城市》针对当时英国大城市的弊端，倡导的是一次重大的社会改革。霍华德提出了逐步实现土地社区所有制、建设田园城市的方法，来逐步消灭土地私有制，逐步消灭大城市，建立城乡一体化的新社会。主要思想为：在城市规划指导思想上摆脱了显示统治者权威的旧模式，提出了关心人民利益的新模式，这是城市规划立足点的根本转移；摆脱了就城市论城市的陈腐观念，将城乡改进作为统一的问题来处理；城乡结构形态必须适应时代的发展；城市规划需要加强基础理论的研究，如果没有正确的理论总结和指导，还是很难巩固和发展。

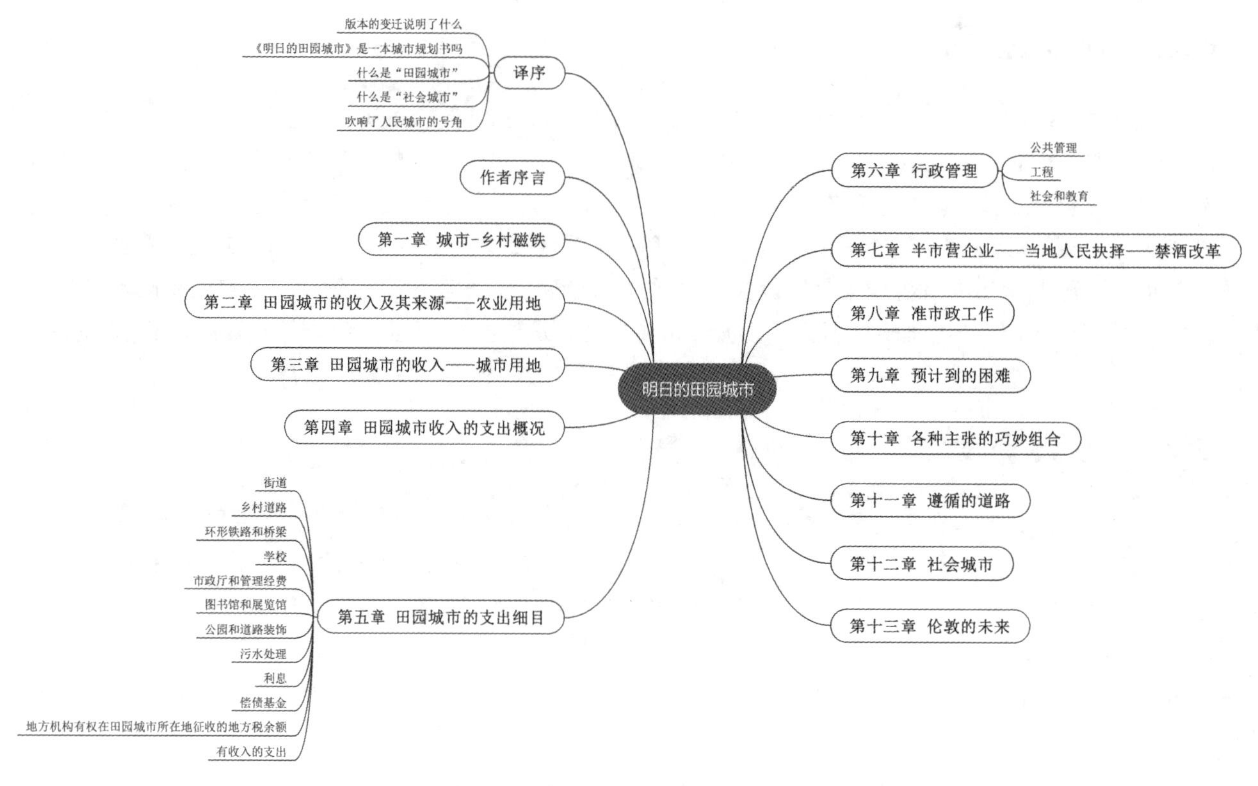

图 8-2 《明日的田园城市》内容提纲

（图片来源：编著团队自绘）

8.4.1 城市—乡村磁铁

霍华德认为人口集中的一切原因都归纳为“引力”，必须建立“新引力”来克服“旧引力”。可把每座城市当作一块磁铁，每一个人当作一枚磁针，只有找到一种方法能够使引力大于现有城市的磁铁，才能有效、自然、健康地重新分布人口，除了“城市磁铁”和“乡村磁铁”，还有通过田园城市构建的城市—乡村磁铁（图 8-3）。田园城市形态可划为 6 个相等的分区和 3 个功能的圈层。6 条壮丽的林荫大道从中心通向四周，每条宽 120 英尺（36 米），把城市划成了 6 个相等的分区，城市的四周还布置慈善机构（表 8-2）。霍华德一再强调，这种城市形态仅是示意。

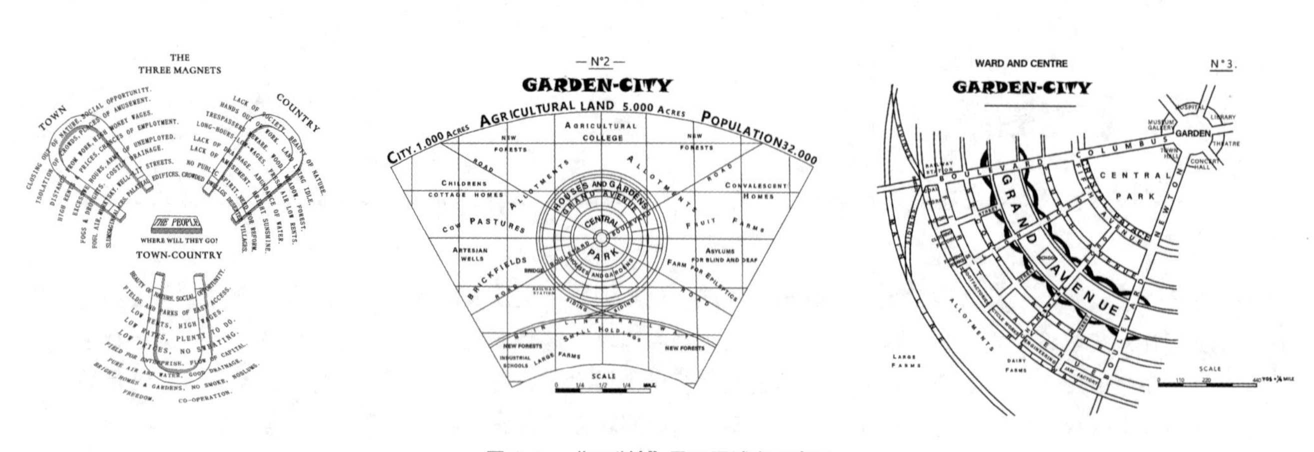

图 8-3 “三磁铁”及田园城市示意图

（图片来源：根据本章参考文献 [1] 相关内容改绘）

表 8–2　田园城市分区功能表

内圈层	中心	5.5 英亩（2 公顷）的圆形花园，周边环绕大型公共建筑：市政厅、音乐演讲大厅、剧场、图书馆、展览馆、画廊和医院等
	中央公园	即“水晶宫”（crystal palace），一个面向公园的玻璃连拱廊，面积为 145 英亩（58 公顷），水晶宫满足即使恶劣天气也能游园的需求，它更是“冬季花园”和永久性的展览会，最远的居民能在 600 码（550 米）以内到达
中圈层	高品质住宅	住所都有宽敞的用地，或面向环路大街，或面向林荫大道。平均每块住宅建筑用地为 20 英尺 ×130 英尺（6 米 ×40 米）。住宅和住宅组群的装饰重点一般都沿着街道线或适当退线，由市政当局实行控制，既严格规定必要的标准，又鼓励独居匠心，反映个性
	宏伟大街	宽 420 英尺（128 米），长 3 英里（4.8 千米）的带形绿地，形成一个 115 英亩（46 公顷）的公园，与最远居民相距不到 240 码（220 米）。宏伟大街上有公立学校、游戏场、花园和教堂等。沿宏伟大街的建筑按新月形布置，既增加了临街线的长度，又使视觉更宽阔
外圈层	工业区	有工厂、仓库、牛奶房、市场、煤场等，靠近围绕城市的环形铁路。环形铁路有支侧线与通过该城市的铁路干线连接。这降低了货物运输费用和损耗，减少城市道路交通量、用电量
	农业用地	农业用地采用规划留白，自由竞争的方式。大农场、小农户、自留地等各类业主自愿地探索能向市政当局提供最高租金的农业经营方式。自由竞争带来了最好的耕作体制，或适应各种目的的较为可取的最好体制，带来的增长的租金属于公共或市政的财产
—	慈善机构	城市的四周，分布着各种慈善机构，由各种热心公益的人来维持和管理，以象征性的租金租得土地，建立机构。这也助推市政当局付出更多的精力，为全社会造福

表格来源：根据本章参考文献 [1] 相关内容编写。

对于“城市—乡村磁铁”，芒福德[1]在《城市发展史：起源、演变和前景》一书中这样说：

“霍华德懂得，缓解城市的拥挤情况，不是靠大城市的郊外居住区所能解决，而应该把城市所有功能疏散开来。”（摘录自《城市发展史——起源、演变和前景》，刘易斯·芒福德著，宋俊岭、倪文彦译，2005 年）

“霍华德最大的贡献不在于重新塑造城市的物质形式，而在于发展这种形式下内在的有机概念；因为霍华德不像帕特里克·格迪斯那样是一位生物学家，然而他却把动态平衡和有机平衡这种重要的生物标准引用到城市中来，就是：城市与乡村在范围更大的生物环境中取得平衡，城市内部各种各样功能的平衡，尤其是通过限制城市的面积、人口数目、居住密度等积极控制发展而取得平衡。”（摘录自《城市发展史——起源、演变和前景》，刘易斯·芒福德著，宋俊岭、倪文彦译，2005 年）

8.4.2　田园城市的收入及其来源——农业用地

在该书的第二章，霍华德在估算农业用地中城市居民每人每年所需担负租金的同时，论证了承租农业用的诸多优点，估算了田园城市农业部分的预计总收入为 9750 镑。作者提到田园城市和其他市政当局之间本质的区别之一是“取得收入的方法，它的全部收入来自地租”。作者接下来又说明城乡之间的最显著差别可能莫过于使用土地所支付的租金。当然这种租金之间的巨大差别几乎是由于一处有大量人口，另一处没有大量人口；由于这不能归功于某一个人的行动，它通常称为”自然增值”，即不应归于土地产生的增值，较准确的名称应该是“集体所得的增值”。因此，大量人口的存在赋予土地大量额外的价值。人口的迁徙会使土地相应的增值，显然这种增值

1　刘易斯·芒福德（Lewis Mumford，1895—1990 年），美国著名的城市理论家、社会哲学家，1943 年受封为英帝国爵士，获英帝国勋章，1964 年获美国自由勋章。其主要作品有《枝条与石头》（1924 年）、《科技与文明》（1934 年）、《生存的价值》（1946 年）等。1961 年出版的《历史名城》一书获国家出版奖。

会成为这些移民的财富。

8.4.3 田园城市的收入——城市用地

在该书的第三章，霍华德根据非常合理的计算来估算可能从城市用地取得的金额，然后着手考虑总税租是否能满足城市的市政需要。他带我们认识了田园城市在城市用地中如何获得收入，以及获得的收入有多少。

城市用地正好是1000英亩(404.69公顷)，假设购地共支出4万镑，年利息按4%计算为每年1600镑。如果把这笔1600镑的年利或“地主地租”除以30000(假设的城市人口)，其结果相当于每一个人每年支付的金额还不到1先令1便士。这就是长期征收的全部“地主地租”，任何其余征收的税租都用于偿债基金和地方事务。经过作者的估算，田园城市预计可以获得的净收入为5万镑。

8.4.4 田园城市收入的支出概况

该书的第四章主要围绕田园城市获得的净收入是否足以满足市政需要这一问题展开。霍华德向我们介绍了田园城市特殊的经济模式，让我们感受到了在这种经济模式下所带来的巨大的经济效果。

在交代支出概况之前，作者向我们介绍了田园城市是如何筹集开业所需的费用的，即第一章提到的发放抵押债券。另外作者通过一系列的分析，依据田园城市建设的各种原则，提出了四条理由解释为什么一定数量的收入在田园城市比在通常条件下能获得大得多的成果——在估算净收入时，除了少量已经支付的数额，无须为土地所有权再支付“地主地租”或利息；用地实际上是避开各种建筑物和构筑物的，因而用于购置这类建筑物的支出和为避免业务干扰所支付的补偿，或者与此有关的法律支出和其他支出都极少；有一个经济效益良好的、明确而符合现代需要和要求的规划方案，因而城市在适应现代潮流时能免除旧城市遇到的那些支出；整个用地空旷且便于施工，因而有可能在筑路和其他工程中采用最好、最现代化的机械。

8.4.5 田园城市的支出细目

在该书的第五章，作者列举了一些支出细目(从A到M共13个)，包括街道、乡村道路、环形铁路和桥梁、学校、市政厅和管理经费、图书馆和展览馆、公园和道路装饰、污水处理、利息、偿债基金、地方机构有权在田园城市所在地征收的地方税余额以及有收入的支出。通过这些具体的项目，可以得出的结论是在农业用地上建设起来的一座规划良好的城市，它的税租能充分满足通常要靠强制征收地方税来支付的城市设施的建设和维护需求。

8.4.6 行政管理

在该书的第六章，作者又指出了一个十分重要的问题，那就是市营企业所经营的范围和取代私营企业的程度有多大，指导我们划分市营和私营控制管理界限的原则是什么？霍华德为我们介绍了田园城市理想的行政管理模式。在这种体制下，社区可以拥有正确评价其公务人员工作的最完善手段，在选举时可以向他们提出清楚而明确的问题。作者提出田园城市市政当局的机构应该是这样组成的：各种市政行业的职责直接委托该行业的官员来行使，机构是按范围很广而明确分工的业务来设置的，分为许多部门，选择各部门的官员，是看他们是否特别适合做该部门的工作，而不是完全看他们的阅历。其中管理委员会由中央议会和各部门组成，田园城市的中央议会代表人民，行使地产主根据通常的法律所享有的广泛的权利和特权，各部门包括公共管理、工程、社会和教育等部门。

8.4.7 半市营企业——当地人民的抉择——禁酒改革

该书第七章介绍了在田园城市中的半市营企业，他们在田园城市中享有一定的特许经营权，但不是永恒的，维持经营的办法，就是做一个诚实而殷勤的商人，在顾客中建立信誉。评判的方法就是当地人民的抉择。这种抉择体制是创造一种机会来表达公众的意志。每一个商人在这种体制下，在某种意义上变成了市政公务人员，尽力去维护自己在市民心目中的信誉体系。

8.4.8 准市政工作

该书第八章的内容说明，在田园城市里，没有必要期待市政当局去从事公益服务，那些怀有为社会谋福利之心的人自然会去从事。倘若想要使人们了解，并在全国推行整个试验，就要在田园城市的社区中推行"准市政事业"。正如著作所探讨的大的试验是想引导国家，实行一种较公正、较好的土地占用制度，并在如何建设城市方面树立一种较好、较合理的观点一样，准市政事业也是如此。各种慈善救济机构、宗教社团和教育部门在这类准市政或准国家部门占有重要的地位，银行和建筑社团也属于此，但他们的目的在于全社区的福利，而不是其创始人的利益。

8.4.9 预计到的困难

在该书的第九章中，作者以共产主义和其他实验为例，为我们解答建设田园城市过程中预计到的困难：一是人类的自我追求——这是经常会产生的欲望，二是热爱独立和创造的人，怀有个人志向。作者认为："田园城市这个实验与那些过去的实验相比犹如两台机器，一台要从各种矿石加工做起，先要采集矿石，然后浇铸成形，而另一台的所有部件就在手边，只待组装在一起。"[1]

8.4.10 各种主张的巧妙组合

在该书的第十章中，作者主要论述了各种不同的方案，主要包括：①韦克菲尔德（Edward Gibbon Wakefield）[1] 和马歇尔教授（Alfred Marshall）[2] 提出的有组织的人口迁移运动，主要提出的观点是保持迁移前所有的一切，维持祖国原有的社会结构；②最先由斯彭斯（Thomas Spence）[3] 提出，然后由斯宾塞(Herbert Spencer)[4] 做重大修改的土地使用体制，提出每个人所缴纳的租金应该给教区（被租地的管理机构），政府负责管理的一切东西；③白金汉(James Silk Buckingham)[5] 的模范城市，他把农业社区和工业社区相结合，这样可以带来巨大的优势，他把社会的弊病归因于竞争、酗酒和战争，并提出了解决的措施。

另外，在这一章中，作者还清楚地介绍了自己建立田园城市的方案，首先购买荒地，组织一场从过分拥挤的中心向稀疏散落的乡村地区迁移的运动，要让迁移者安心迁移，组织者不要想得太多，集中精力于当前的运动，并向群众保证迁移获得利益归他们自己，而组织者可以做任何事（除了伤害他人利益的事），组织者代收的"税租"将用于建设被租地。

8.4.11 遵循的道路

在该书的第十一章中，作者假设田园城市顺利开展并取得明显成功，并阐述了田园城市的主要特征以及在小

1 韦克菲尔德，Edward Gibbon Wakefield（1796—1862 年），英国殖民问题政治家。
2 马歇尔，Alfred Marshall（1842—1924 年），英国经济学家，著有《经济学原理》。
3 斯彭斯，Thomas Spence（1750—1814 年），英国耕地社会主义者。
4 斯宾塞，Herbert Spencer（1820—1903 年），英国社会学家、不可知论者、唯心主义哲学家。
5 白金汉，James Silk Buckingham（1786—1855 年），英国作家和规划理论家。

范围内如何做。为那些目前居住在拥挤而充满贫民窟的城市中的人民建立美丽的家园城镇群，每个城镇环绕着田园。

8.4.12 社会城市

在该书的第十二章，作者将考虑如何将这项实验推广到较大的范围（图 8-4）。首先，城市一定要增长，但是其增长要遵循如下原则：这种增长将不降低或破坏，而是永远有助于提高城市的社会机遇、美观度和方便程度；在城市的周围始终保留一条乡村带，直到随着时间的推移形成一座城市群——这种环绕一个中心城市的布置；另外有一条市际铁路，把外环所有城镇联系在一起且不在两个城镇中间设站；具备一种铁路系统，它使各个城镇与中心城市取得直接联系，几分钟即可到达。

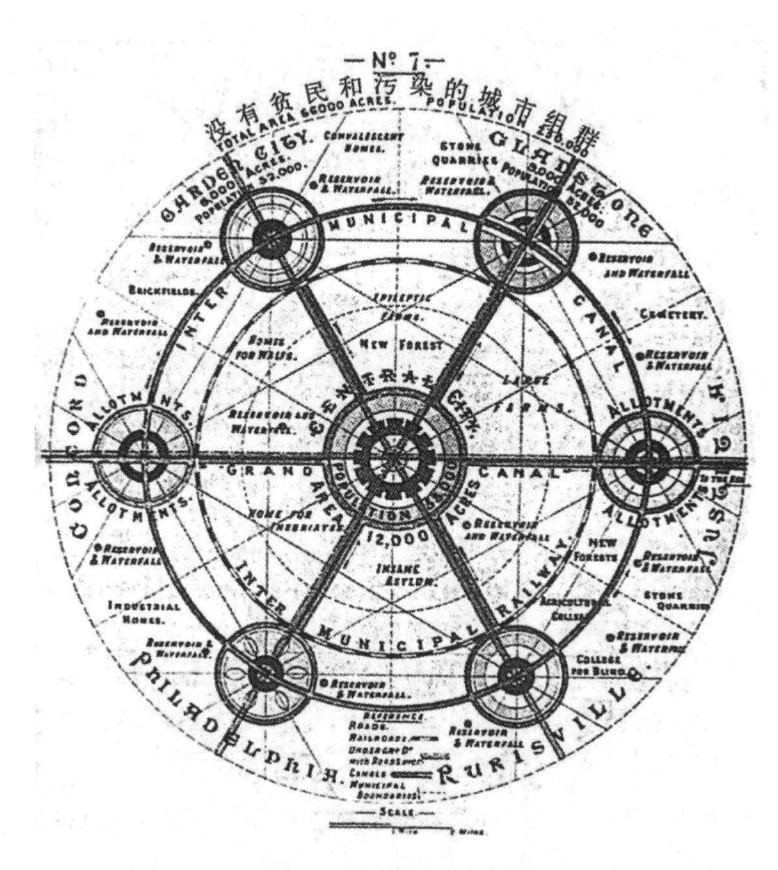

图 8-4 霍华德的“社会城市”

（图片来源：根据本章参考文献 [1] 相关内容改绘）

8.4.13 伦敦的未来

在该书的第十三章中，考虑由于在新区开辟了广阔的就业领域，在我们现有的拥挤城市中将产生一些引人注目的影响。这一章还提出了人口迁移和两大问题的关系，并以伦敦人的住房问题和留下的人的就业问题为例。在伦敦以外开辟了广阔的就业领域，除非伦敦内部也开辟对应的就业领域，否则伦敦必亡。别处建立了城市，伦敦就必须改造。别处城市渗入乡村，这里乡村必须渗入城市。少数人可能会相对变穷，但多数人将相对变富——这是一种非常健康的变化。

8.5 学术思想

霍华德倡导的是一种社会改革思想：用城乡一体的新社会结构形态来取代城乡分离的旧社会结构形态。就像他在序言中说：

“城市和乡村必须成婚，这种愉快的结合将迸发出新的希望、新的生活、新的文明。”

在资本主义如日中天，不少人还大唱赞歌的时代，他的思想必然超越了常人理解的范围。[4]

8.6 著作影响

8.6.1 奠定了现代城市规划的学科基础，霍华德也因此成为现代城市规划的开山鼻祖

作为现代城市规划的先驱者，霍华德针对城市发展和建设中产生的问题，如城市规模、布局结构、人口密度和绿地建设等，提出了一系列独创性的见解，形成了比较完整的和具有奠基意义的城市规划思想体系[2]。田园城市理论对现代城市规划思想起到了重要的启蒙作用，对后来出现的一些城市规划理论，如有机疏散理论、卫星城镇理论等都有影响。20世纪初以来，其更对世界许多国家的城市规划产生过很大影响。

8.6.2 理论与实践的结合，在实践中检验和应用理论成果

现代城市规划学的产生过程表明，城市规划学必须是一门基于实践、指导实践的学科，绝对不能成为“象牙塔”里一味思辨的学问。田园城市的理论从一开始被提出，霍华德就在亲自践行着这一理论，并最终为现代城市规划学科指明了永久的价值方向，奠定了基本的价值理念。

8.6.3 充分预见并认识到了城乡发展的关系问题，体现出深邃思想的穿透力

田园城市思想闪耀着人本主义的光辉，也散发着人类智慧的魅力。今天看来，霍华德的思想明显超越了他同时代的人，深邃的思想百年不衰。这来源于他对人类命运的终极关怀和理性思考，来源于他关注城市发展种种问题的预见性。

8.6.4 体现出强烈的革新精神，代表了城市规划从业者面对社会问题的责任感和使命感

霍华德是在19世纪末提出的田园城市理论，是针对现代工业社会出现的城市问题而提出的新型城市形态，在当时是一种全新的城市发展理论。田园城市的思想和理论体现出强烈的变革意识，而非简单意义上的城市建设主张，更不应该将其思想误读为建设“花园型城市”的简单含义。田园城市的思想和理论有更深层次的社会革新目标，这一点从第一版的书名《明天——一条引向改革的和平道路》中就可以感受到。霍华德设想的未来田园城市是社会公正的（无贫民窟、社会机遇平等）和城乡和谐的（用城市繁荣和乡村发展的互动来取代城乡分离）。

8.6.5 针对工业革命后的城市问题，提出的济世良方和主张

霍华德所处的时代，正是英国工业革命带动城市蓬勃发展的时期，也是资本主义疯狂扩张的时期。《明日的田园城市》直指英国近现代工业发展对社会造成的巨大影响，对19世纪的城市化进行了现实批评，所表达的思

想在今天看来仍不失其理性精神光芒，也集中体现了进入工业化时代以后迸发出的人本思想。

8.7 争议点

8.7.1 这是一本城市规划书吗?

《明日的田园城市》针对当时英国大城市的弊端，倡导的是一次重大的社会改革[3]，面对这样严肃的大问题，当然不可能主要去谈工程技术问题。这大概就是“这不是一本城市规划书”的原因吧。在城市规划工作中，确实有许许多多工程技术问题需要研究，然而这些工程技术问题只是实现城市规划大目标的局部手段，并不是全部。

8.7.2 田园城市就是后来的卫星城吗?

田园城市：①为健康生活及产业设计的城市；②规模足以提供丰富的社会生活但不超过这一限度；③四周有永久性的农业地带围绕，土地归公众所有，由委员会掌管。

卫星城市：在大城市附近，并在生产、经济和文化生活方面受中心城市吸引而发展起来的城镇。

区别：①田园城市是一种“乌托邦”式理想，而卫星城市具有其现实意义；②田园城市是想在大城市周围建设一系列较小规模城市来吸引大城市人口，而卫星城是一种自发式的分散布置；③田园城市独立性较强，而卫星城对中心城市的依赖性较高。

8.8 研究的时代局限

霍华德在《明日的田园城市》中想的显然不是少数人的利益，更不是个人利益。他针对当时英国大城市所面临的问题，提出了用逐步实现土地社区所有制、建设田园城市的方法，来逐步消灭土地私有制，逐步消灭大城市，建立城乡一体化的新社会。从现在的视角来看，这个一百多年前的主张似乎把问题看得太简单了，幻想的色彩太浓。

田园城市理论的提出，至今已逾百年，新城建设运动也有半个世纪，这一理论对大城市发展，对城市化和城市发展模式，对城市规划和城市设计学科本身，都产生了巨大的影响，是一种较好的城市发展模式，它适应了生产力合理布局、生态平衡和为人类创造一个良好优美生活环境这样一些客观需要，因此得以在世界范围内大规模推广。但我们也要看到新城建设有一定的局限性，即使建设得再好，也不能代替母城本身的吸引力。母城本身复杂的规划建设课题依然是城市规划与设计中的焦点和难点。

本章参考文献

[1] 霍华德．明日的田园城市[M].金经元，译．北京：商务印书馆，2010.

[2] 芒福德．城市发展史——起源、演变和前景[M].宋俊岭，倪文彦，译．北京：中国建筑工业出版社，2005.

[3] 高中岗，卢青华．霍华德田园城市理论的思想价值及其现实启示——重读《明日的田园城市》有感[J].规划师，2013，29(11):105-108.

[4] 金经元．我们如何理解“田园城市”[J].北京城市学院学报，2007(4):1-12.

第 9 章

《街道的美学》导读

9.1 信息简表

《街道的美学》信息如表 9-1 所示，其部分版本的著作封面如图 9-1 所示。

表 9-1 《街道的美学》信息简表

街並みの美学				
原著作者	[日文名] あしはら よしのぶ [中译名] 芦原义信			
译名	[中] 街道的美学			
	[英] *The Aesthetic Townscape*			
主要版本		译者	出版时间	出版社
日原著	第一版	—	1979 年	岩波书店
中译著	第一版	尹培桐	1989 年 3 月	华中理工大学出版社
	第二版		2006 年 6 月	百花文艺出版社
	第三版		2017 年 5 月	江苏凤凰文艺出版社
英译著	第一版	Lynne E Riggs	1984 年 4 月	The MIT Press

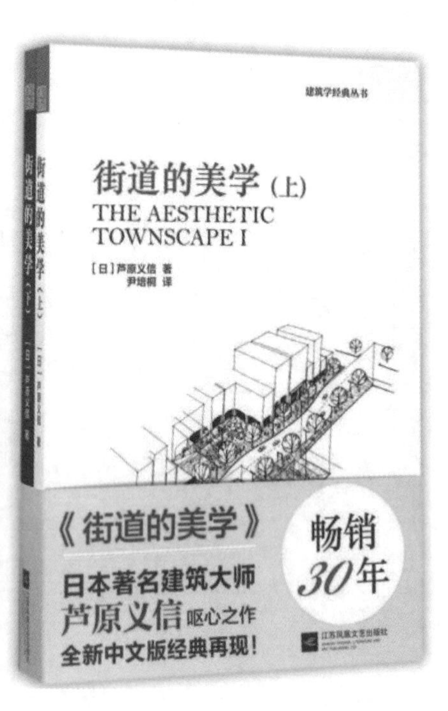

图 9-1 部分版本的著作封面

（图片来源：编著团队根据出版社封面原图扫描或改绘）

9.2 作者生平

芦原义信（1918—2003 年），日本当代著名建筑师，1942 年毕业于东京大学建筑系，1953 年研究生毕业于美国哈佛大学；历任日本法政大学、武藏野美术大学和东京大学教授，曾担任日本建筑学会主席、日本建筑师协会主席；1956 年成立建筑事务所，其设计代表作包括东京驹泽体育馆、索尼大厦、东京国立历史民俗博物馆、东京艺术大剧院等；撰写了《外部空间的构成》《外部空间的设计》《建筑空间的魅力》《街道的美学》以及《续街道的美学》等专著，体现了其以“外部空间设计”为中心的建筑美学思想。

9.3 历史背景

在遭遇关东大地震及第二次世界大战战火袭击之后，日本在经济、文化等诸多方面都承受了不同程度的压力，西方文化大规模的涌入，使得自明治维新以后对外来文化已不再陌生的日本人也不免感到迷茫[1]，东京那样的大城市，得到了彻底进行城市改建的机会，但是在实现城市复兴的过程中，不断涌现出各种问题及错误方向，正如芦原义信在原著中提道：

“但是，在现实的复兴中，一方面不断重复着试行中的错误，一方面却走向了不正确的方向。至少，城市中土地私有比公共土地利用规划远为优先的政策，促成了地价飞涨和土地的分割零碎化，土地已经变成了投机的对象。”（摘录自《街道的美学》，芦原义信著，尹培桐译，2006 年）

日本战后的经济复兴以及技术的发展，在世界上是惊人的，可是，唯有土地政策却缺乏想象力和实施能力，因此面对一些现实的问题到了无能为力的地步。当时日本城市规划设计中出现的问题有：土地指定用途方面，存在有任意划分的不合理现象；大部分街道毫无舒适感和美感，城市设计重复着缺乏固定形象的试行错误，无法创造出在世界上令人自豪的街道和居住环境等。针对这些问题，芦原义信通过自己的实践经验，以及外国的一些成功的城市设计实例，结合日本的实际情况，写了《街道的美学》这部著作，希望能对改善日本城市的形象起到推动作用。

9.4 内容提要

著作重点从空间构成尤其是平面的视觉构成角度来阐述何谓一个“美的街道”（图 9-2）。全书 1~5 章为上篇——街道的美学，6~10 章为下篇——续街道的美学，上篇和下篇的行文结构一致。在该书的第一部分，作者先是从日本和西欧对于街道空间的一些差异化认识和现象出发，使得读者对街道空间和景观有了一个相对全面的认识。在第二部分，作者具体分析了街道和景观的构成，对其构成内容逐一论述，并提出可供实践的指导理论。在第三部分，“街道的美学”对空间进行了几项考察，并提出自己的空间美学观念，“续街道的美学”则对城市住宅和环境的几个方面进行考察，使读者明确何谓美的城市空间。在第四部分，作者通过提出美学观念来对具体案例进行分析，带领读者认识一些经典街道和景观空间。最后，在第五部分提出对现代街道与建筑的展望。下面以上篇——街道的美学为例展开具体的内容介绍。

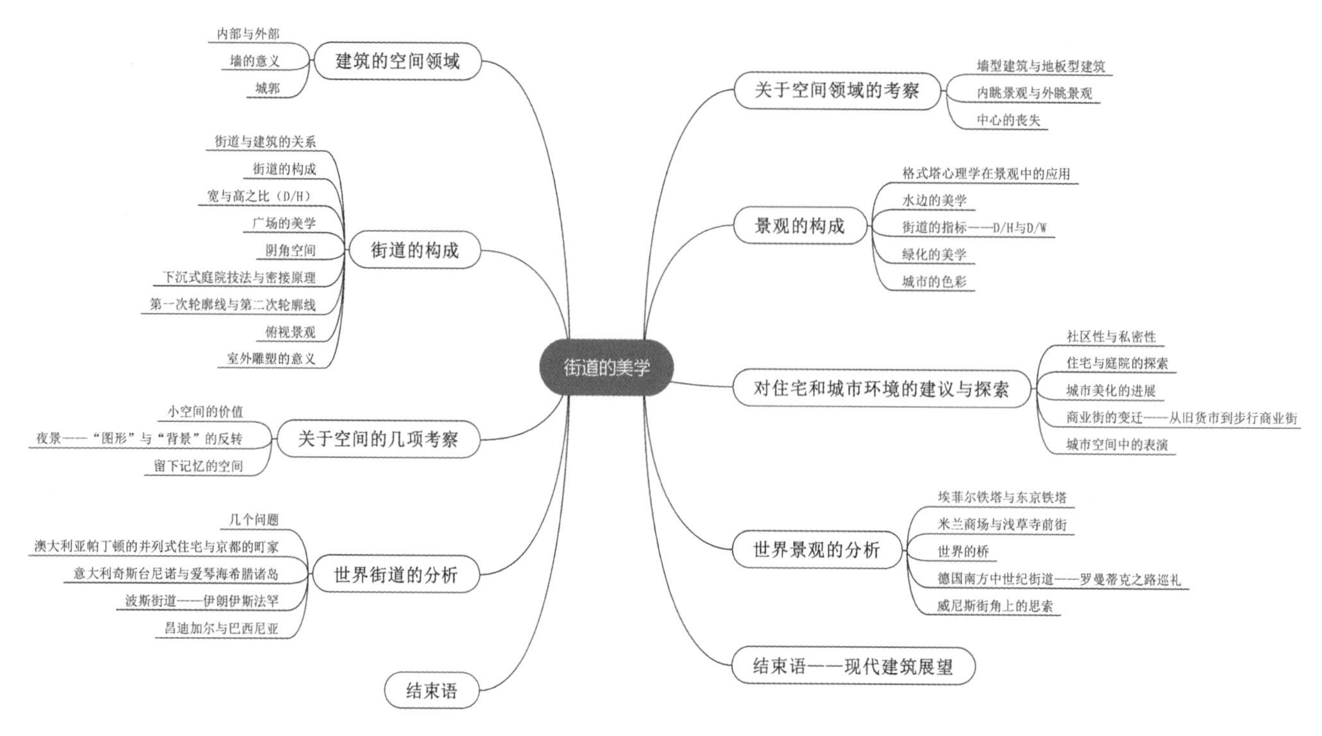

图 9-2 《街道的美学》内容提纲

（图片来源：编著团队自绘）

9.4.1 建筑的空间领域

在《街道的美学》的第一章中，作者详细分析了内部与外部空间、内外之间墙的意义以及整座城市的界限——围廓的概念，论述了不同地域的人们对建筑的空间概念认知的不同，为街道的分析奠定理论基础。

作者通过对日本和西欧人们不同的行为方式进行分析比较，发现了人们对空间本质关注的不同，西欧将街道空间延伸到住宅内的客厅部分，是一种外部秩序主导的空间系统，家与街道在空间领域上一视同仁，而日本的街道空间是处于门锁和城墙之间的一个含混的空间，是一个并不具有重大意义的空间系统，家被看作“内”，街道则被视为与个人无关的 “外”。正如芦原义信在《街道的美学》中所述：

“日本最近的城市住宅中，也有全盘西欧化的住宅，起居室很舒适，家具、地毯、窗帘等也很协调，化妆室及厨房是明亮而现代化的，简直令人产生像是在纽约或北欧公寓中的错觉。即使这种从国际水准上看毫不逊色的日本住宅，与西欧住宅在本质上也有一个重要区别。西欧住宅的基本思想，在于它是城市或街道那样公共的外部秩序的一部分；相对的，日本住宅的基本思想，在于它是家庭私用的内部秩序，结果，在西欧的家中和在外边一样地要穿着鞋，而日本则在家中要脱鞋。”（摘录自《街道的美学》，芦原义信著，尹培桐译，2006 年）

通过对日本和西欧国家墙体的对比，指出墙体的存在应根据不同地域的自然条件而采用不同的形式，日本等气候潮湿地区是沿着否定墙的方向，西欧干燥地区沿着肯定墙的方向，历史性地延续着住宅与人的关系，影响着街道的形式。通过对意大利式围廓城市的研究，认识到围廓城市边界概念的重要意义，在这样的围廓城市中，城墙保护着城市中的居民，在整座城市的尺度下，居民将家和街道一视同仁，如果想要建立更好的美丽的城市空间，就必须对空间领域的观点进行革命，建立外部空间与内部空间同等重要的空间理念，在建造街道景观方面积极努力。

9.4.2 街道的构成

街道的构成这一部分在整部著作中占据了大量的篇幅，是作者论述的重点，作者详细地分析了街道与建筑的关系、街道的构成、街道的高宽比（D/H）、广场的美学、阴角空间、下沉式庭院技法和密接原理、第一次轮廓线与第二次轮廓线、俯视景观及室外雕塑的意义等，并通过考察和实践来说明街道美学的价值与意义。

作者认为，街道作为外部空间应该与建筑内部产生互动，保证内外空间的流动性，居住作为一种内部秩序，应以缝补、纳凉等形式渗透到外部秩序之中，在图形构成上，内外空间设计应该致力于存在反转的可能性（图9-3）。由于人类自身生理特性的影响，个体对空间的感知受一定范围的制约[1]，将建筑物的外墙作为面来看，街道同样具有“图形”性格，可通过 D/H（街道的宽度 / 建筑外墙高度）来研究空间感受，D/H=1 是空间性质的一个转折点，当 D/H=1 时，高度与宽度存在匀称之感；当 D/H<1 时，比值越小越易产生接近感；当 D/H>1 时，比值越大越易产生远离感；当 D/H>2 时会产生宽阔感。从空间构成上看，广场应具备四个条件：①边界清楚，能形成图形，且此边界最好是建筑的外墙，而非单纯遮挡视线的围墙；②具有良好的封闭空间的“阴角”，容易形成“图形”；③铺装直到边界，空间领域明确，容易形成“图形”；④周围建筑具有某种统一协调性，D/H 比例良好。如何构成高质量的封闭式外部空间？可利用阴角空间和下沉式庭院，阴角空间所形成的封闭性强，以洛克菲勒中心的下沉广场为代表的下沉式空间处理可以很好地构成亲切的、令人安心的空间，这种空间模式是芦原义信所极力推荐的街道构成方式。街道的边界是最先吸引人们视线的，街道的建筑轮廓所形成的第一轮廓线和广告等附属物形成的第二轮廓线形成了我们的街道景观，第二轮廓线的不确定性造成了亚洲街道景观的模糊，因此应该尽可能削弱第二轮廓线。俯视景观也是城市景观魅力之一，由于俯视，视线迅速而确切地把握住

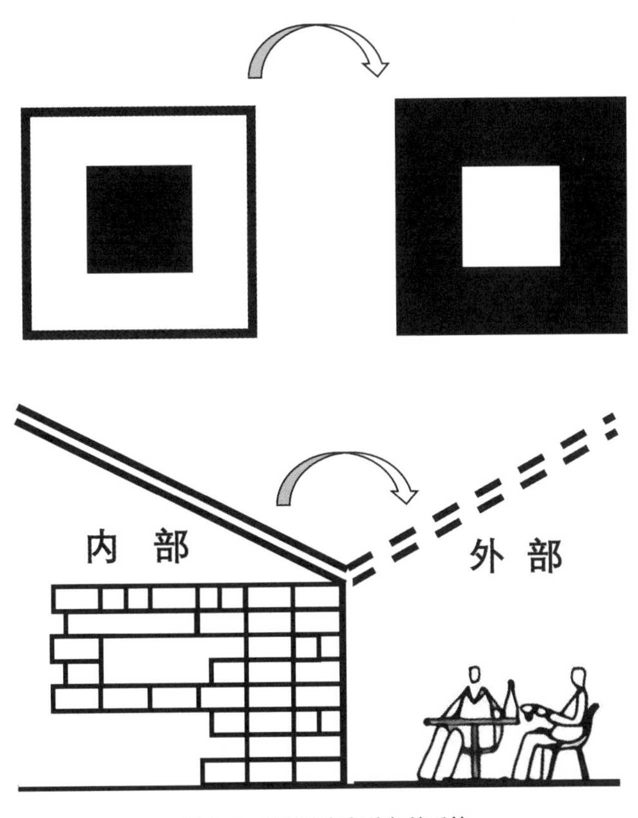

图 9-3 建筑内部与外部的反转

（图片来源：根据本章参考文献 [2] 相关内容改绘）

景观领域，把观光者和街道紧密地联系起来，从视线的集合远离研究俯视景观发现：俯角10度为俯视景观中心范围，并以此确定最佳景观观测位。最后，作者还关注室外雕塑的作用，将其作为修建高层建筑的补偿，具有把美还原给社会的意义，呼吁设计师们尽可能艺术地处理城市空间。[2]

9.4.3 关于空间的几项考察

在这一部分，作者重点论述了城市中“小空间”的价值、夜景与昼景——“图形”与“背景”的反转，以及作者希望能在城市中留下记忆的空间。

小空间并非狭窄的空间，同大的空间相比，小空间摆脱了把旁观者带进内部，进一步探索其内部秘密的可能性。旁观者会把自己缩小，进入独自创造的世界。所谓外部空间的构成，就是让巨大的城市达到人的尺度，将大空间划分为小空间可以使得空间更富有人情味。建筑空间中以反射光和透射光看东西，要使建筑作为夜景，就必须有一定的通透性，使内部光作为透射光被看到，通透性较强的现代建筑可以实现图形与背景的反转（图9-4），正如作者芦原义信在《街道的美学》原著中所述：

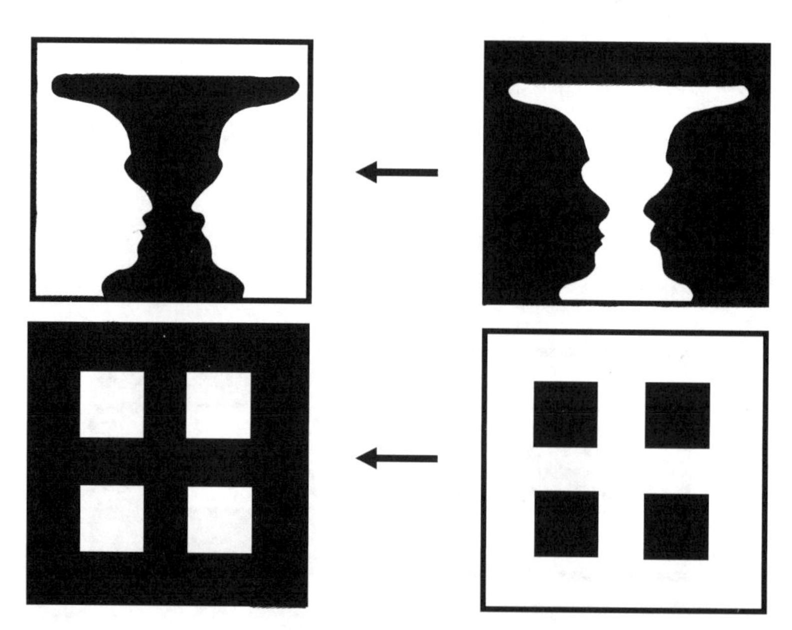

图9-4 夜景与昼景——图形与背景的反转

（图片来源：根据本章参考文献[2]相关内容改绘）

“有趣的是，如果仔细观看意大利的街道地图就会发现，街道和广场一直铺装到建筑的外墙根，与建筑之间没有什么不明确的空间，因此，即使把这幅地图黑白反转了并列来看，作为地图来说并不觉得有什么不妥。这就表明意大利建筑的内部空间与街道这样的外部空间，在质量上是近似的。”（摘录自《街道的美学》，芦原义信著，尹培桐译，2006年）

同那种由建筑或其他实体把握城市或街道的想法相对，有一种使实体被感知的结构，作为描绘在心中的形象来考虑城市或街道的想法，他不是某一个人的特定印象，而是大多数城市居民的共同印象。在城市的复兴中，保存与开发相结合被认真地考虑起来，建筑师也从创新城市或彻底改造城市的幻想方案回到现实中去，营造带有社会文化积累的街道形象。

9.4.4 世界街道的分析

这是著作最有趣味和最为感性的一部分，芦原义信没有大量地罗列数据来论证自己的观点，而是以类似游记的方式向我们展示着个体对于城市与街道空间的感知，运用大段的情景描写，叙述了很多个人处于街道空间之中的见闻与感受。

作者先是指出了日本在遭遇关东大地震以及第二次世界大战后，在复兴东京的过程中所面临的几个问题：①现实的复兴中，一方面不断重复着试行中的错误，一方面却走向了不正确的方向；②在土地利用指定用途方面，也存在人己划分不合理的现象；③高速公路下面的商业街凄凉，与文化艺术相距甚远。作者随后分析了世界街道中一些有特色、有意思的实例，如澳大利亚帕丁顿的联排住宅与京都的町家、意大利奇斯台尼诺与爱琴海希腊诸岛、波斯街道与伊朗伊斯法罕、昌迪加尔与巴西利亚，来进一步论证自己的观点。正如他在书中所讲：

“街道是当地居民在漫长的历史中建造起来的，其建筑方式同自然条件和人有关。因此，世界上现有的街道与当地人们对时间、空间的理解方式有着密切关系。”（摘录自《街道的美学》，芦原义信著，尹培桐译，2006年）

在当今城市建设热潮中，随着工业社会的发展，我们应该树立良好的空间概念，利用高度发展的科技手段，研究理解现今的城市文脉，传承优良部分，尽可能地创造适合生活的富有人情味的外部街道空间。

9.5 学术思想

9.5.1 现代主义二元论烙印的科学理论

芦原义信的理论成熟于现代主义思想最有影响的年代，他提出的城市空间理论在非此即彼的对立主客体立场中带有深刻的现代主义二元论烙印[3]，即将能够证明和无法证明的事物区分开来的科学实证主义，是人们印象中的传统经典科学观。在“机械原理”时代，人们的思维方式是机械的二元论，追求真的时代，是以定理和公理为前提，且绝对重视并创造这些前提的体系，从科学基础、空间尺度和各种空间关系的存在秩序等方面对其理论进行比较，以期在接近城市空间的层面，对其进行进一步研究。

9.5.2 多维度下的人性尺度城市空间理论

在“空间尺度”方面，芦原义信认为，在建筑空间范畴内，“尺度”不是单一的长度表述，而是多个因素的综合。城市空间的尺度以建筑尺度为基本细胞，城市是放大的建筑，建筑也就成为缩小的城市。芦原义信运用三维的模数分析了城市的尺度，通过对欧洲传统城市空间的研究，提出了回复人性尺度的城市空间理论，他以广场为例从步行者的视角分析了不同 *D/H* 值对人的心理感受和视觉反应的影响，运用空间因素、形式美学和直观环境的心理学影响这个三维系统来分析评价城市空间的尺度，对建筑和城市规划实践具有直接指导意义。

9.5.3 城市中的空间关系秩序理论

芦原义信认为城市中各种空间关系的秩序是至关重要的，秩序是城市空间存在的必然，而城市的空间秩序主要就是内部空间与外部空间之间的关系，它们之间应当是明确的、不能混淆的，否则就是失败的城市空间，他所主张的是加法创造空间的思想，既要把空间内部化，又要保持内部秩序建造城市的方法。在城市秩序中，除了内部空间与外部空间之外，没有其他秩序的存在，而建筑师与规划师所要做的就是去理解二者的关系，创造更加人性化的城市空间。

9.6 著作影响

芦原义信在《街道的美学》一书中深刻地剖析了城市街道和外部空间的美学构成要素，认为在城市街道等外部空间的设计当中，需要肯定人的存在这一基本要素；强调外部空间与内部空间同样重要；列举大量日本和西方经典案例在设计手法上的异同以支撑自己的设计理论。此书对我们规划设计城市街道等外部空间具有相当重要的借鉴意义。正如尹培桐在译制《街道的美学》一书时所说：

“现代西方建筑理论众说纷纭，其中虽不乏真知灼见，不过这些理论的研究者却未必都具有建筑创作实际体验，故虽言之凿凿却不着痛处，难以指导设计实践。更有甚者，唯恐其理论不够‘深奥’，乃一味旁征博引，玄之又玄，再加文字晦涩，读后令人如堕五里雾中。芦原义信这部《街道的美学》和《续街道的美学》则一扫上述弊端。作者把当代许多建筑理论、丰富的知识寓于通俗易懂的流畅文字中，通俗而不浅薄。并且，作者又把这些理论应用于自己的建筑创作，通过自己的大量作品说明这些理论，故理论性强但又不脱离实践。”（摘录自《街道的美学》译者的话，尹培桐，2006 年）

书中应用格式塔心理学中“图形”与“背景”的概念以及其他现代建筑理论，并引用中国的“阴阳”之说，对日本和意大利、法国、德国等西欧国家的建筑环境与街道、广场等外部空间进行了细致的分析比较，从而归纳出东方和西方在文化体系、空间观念、哲学思想以及美学观念等方面的差异，并对如何接受外来文化和继承民族传统问题，提出了许多独到的见解。所以说，该著作不仅在理论上为建筑及相关领域奠定了研究模式，也在实践上为建筑创作和城市规划设计者提供了具体的指导。芦原义信在实践中不断对自身理论进行检验，在城市空间的局部构成中，芦原义信的理论具有较强的可操作性，至今仍为营建和评价城市实体空间所常用。

9.7 难点解释

9.7.1 阴角空间

简单来说，凹进去的就是阴，凸出来的就是阳。例如有一个人和一处四面都是墙的院子，人站在院子内的墙角，处于墙的包围下，就是处于阴角空间，人站在院子外，墙的拐角处，没有墙的包围，就是处于阳角空间（图 9-5）。在广场中不难发现，转角围得严密即形成封闭性强、亲切的、令人安心的空间，这种外部空间的构成可以用格式塔心理学的法则分析。在建筑的外部空间，“阳角”很容易创造，相反，从街道和建筑的关系来看，“阴角”空间却通常很难成立。在日本，对外部空间没有赋予“图形”特征，在城市设计中，通常要将土地关系反转并进行研究，目的也就是将建筑外部空间图形化，然而在实际设计中，外部空间并没有被赋予更多的图形特征。

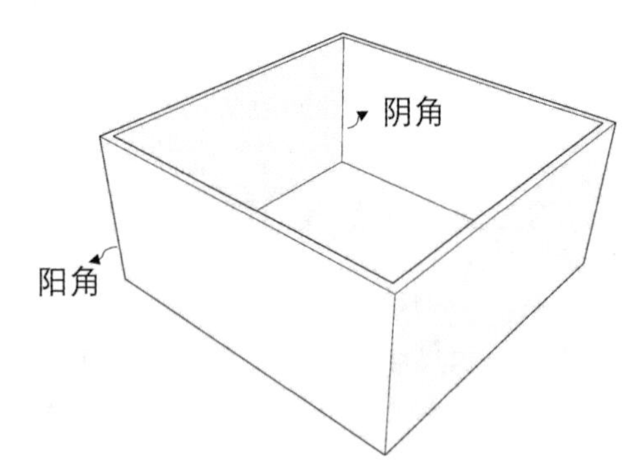

图 9-5 “斗”的阴角和阳角
（图片来源：根据本章参考文献 [2] 相关内容改绘）

在欧洲，转角形成了很多“阴角”空间，增添了城市魅力，完全的“阳角”形成的空间似乎要把人挤出去，相反，用“阴角”可以创造出一种把人保护在里面的温暖、亲切的城市空间，如果要在缺少“阴角”空间的城市进行改造，需要让道路两侧的建筑大胆地后退（图 9-6），加以一定的绿化可以营造出让人驻足的区域，美化城市环境，提升城市魅力。

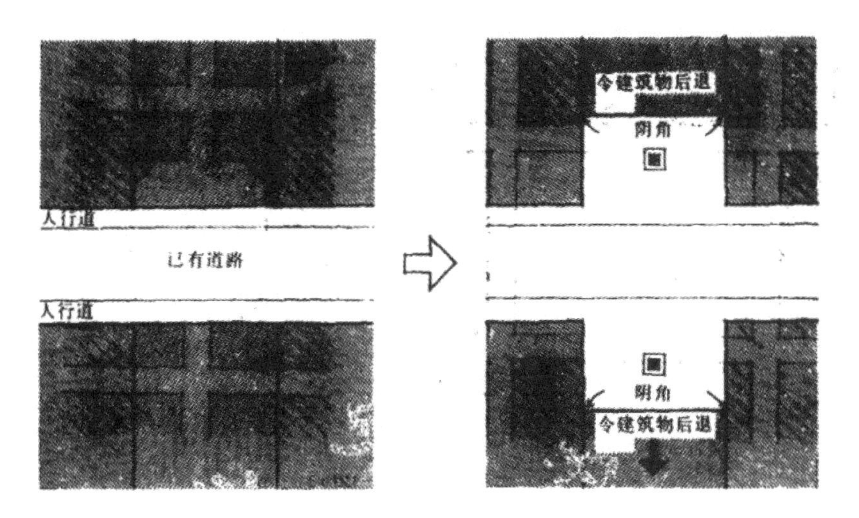

图 9-6　道路上的阴角

（图片来源：根据本章参考文献 [2] 相关内容改绘）

9.7.2　第一轮廓线和第二轮廓线

建筑本来形成的外观称为“第一轮廓线”，而将建筑外墙的附加物所构成的形态称为“第二轮廓线”。第一轮廓线的秩序和结构非常清晰容易描绘，而第二轮廓线无秩序且非结构化，西欧城市的街道是由第一轮廓线所决定的。相对而言，中国、日本等亚洲国家和地区的街道则多由第二轮廓线所决定，作为边界线的外墙有渗透性而不稳定，装修、板墙等要素有很多是临时性的，缺乏有力的确定性因素，导致从视觉上决定街道的不是建筑的外墙，而多是这些衍生出来的凸出物，因此难以塑造稳定不变的街道视觉形象。所以，应该尽可能减弱第二轮廓线，以限制其对第一轮廓线的遮挡（图 9-7）。

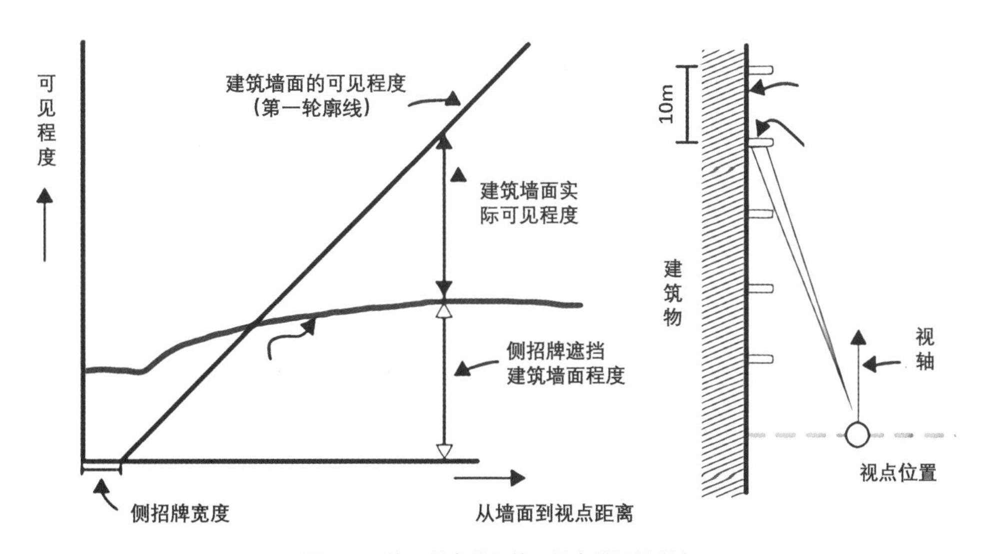

图 9-7　第一轮廓线和第二轮廓线可见程度

（图片来源：根据本章参考文献 [2] 相关内容改绘）

本章参考文献

[1] 常钟隽．芦原义信的外部空间理论[J].世界建筑，1995(3):72-75.

[2] 芦原义信．街道的美学[M].尹培桐，译．天津：百花文艺出版社，2006.

[3] 谷溢，陈天．芦原义信与黑川纪章的城市空间理论[J].河南科技大学学报（社会科学版），2006(6):71-73.

第10章

《江村经济》导读

10.1 信息简表

《江村经济》信息如表 10-1 所示，其部分版本的著作封面如图 10-1 所示。

表 10-1 《江村经济》信息简表

Peasant Life in China				
原著作者	费孝通			
译名	[中] 江村经济			
主要版本		译者	出版时间	出版社
英原著	第一版	—	1939 年	Routleclge
中译著	第一版	戴可景[1]	1986 年 10 月	江苏人民出版社
	第十七版		2017 年 5 月	生活·读书·新知三联书店

图 10-1 部分版本的著作封面

（图片来源：编著团队根据出版社封面原图扫描或改绘）

10.2 作者生平

费孝通（1910—2005 年），1910 年 11 月 2 日出生于江苏省吴江县。1933 年毕业于燕京大学，获社会学学士学位；1935 年毕业于清华大学研究生院；1938 年获英国伦敦大学哲学博士。回国后任教于云南大学，担任燕京社会学研究室主任；后任教于清华大学，担任社会学教授；后任中央民族学院副院长、中国科学院哲学社会科

1 该著作在英国出版后，全球战事连连，作者直到战后才接到书店寄来的书，当时为 1949 年前，时局紧张，作者无暇翻译此书。1949 年后，作者参加民族调查工作，翻译一事提不上日程，由戴可景同志译出。

学学部委员、中国社科院社会学研究所所长、北京大学社会学人类学研究所所长、中国社会学学会会长、中国民主同盟会主席、中国人民政治协商会议副主席、全国人民代表大会常务委员会副委员长。1980 年获国际应用人类学会该年度马林诺夫斯基名誉奖，并成为该会会员。1981 年接受英国皇家人类学会颁发的该年度的赫胥黎奖章。1988 年在美国纽约获“不列颠大英百科全书”奖。1993 年在日本福冈获该年度亚洲文化大奖。主要作品有《江村经济》《禄村农田》《乡土中国》《民族与社会》《从事社会学五十年》《边区开发与社会调查》《行行重行行》等，著作等身，影响深远。

费孝通早年学习社会学期间，曾一度偏重社会学理论，没有跳出图书馆式的研究范式。他转向社会实际生活研究，主要是受吴文藻和派克两位老师的影响。1935 年 6 月，费孝通获得留学英国的机会。他的导师史禄国（俄）要求他出国前到中国少数民族地区进行实地调查，然后携带所得资料到国外研究分析。费孝通与新婚妻子赴广西大瑶山进行田野调查，在调查的山路中遭遇意外，妻亡他伤。在出国前夕，费孝通听从姐姐费达生的安排到开弦弓村（江村）进一步休养，在两个月内完成了田野调查，随后赴英国留学，在伦敦经济政治学院被著名人类学家马林诺夫斯基接纳为“门下”。在马林诺夫斯基的指导下，费孝通在1938年6月完成了 *Peasant Life in China*(《中国农民的生活》，又名《江村经济》）博士学位论文，继后获博士学位，随即回国，翌年书籍由伦敦 Routleclge 书店出版。

21 年后，费孝通于 1957 年重访江村，并写下了《重访江村》，但费孝通在《重访江村》中实事求是的反映和科学合理的献言献策，与当时推行的政策及舆论导向相违背。正如刘豪兴先生所述：

“在急风暴雨的‘反右派斗争’中，费孝通的直言好意被全盘否定，遭受口诛笔伐，并被划为‘右派’，费孝通像某种传染病，成为不可接触的特殊之人，家人与同情他的朋友也惨遭牵连，费孝通变得默默无闻。直至‘文化大革命’结束。中国社会科学院成立，社会科学的春天来了。费孝通不懈努力，获得了第二次学术生命，学术成就卓著。”（摘录自《“江村调查”的历程、传承及“江村学”的创建》，刘豪兴，2017 年）

10.3 历史背景

鸦片战争后，中国开始沦为半殖民地半封建社会。与其他有志青年一样，为挽救民族危亡，年轻的费孝通开始寻求救国之路。为此，他由学医转向社会学的研究，想以此来为中国社会把脉，救国家和民族于困苦之中。

20 世纪 30 年代的中国农村，深受帝国主义打击，经济衰退，农民开始寻求自救之路。吴江县震泽一带，历来是我国著名的湖丝产地。近代机械缫丝工业的兴起，以及国内外对丝绸工艺要求的日渐提高，使土丝制造业陷入困境。为此，1923 年，江苏省立女子蚕业学校以吴江县震泽区属村开弦弓村为据点，开展以推广改良蚕种和科学养蚕为中心的土丝改良运动。其中，费孝通的姐姐费达生就是该改良运动的积极推动者和组织者。

进村前，费孝通不但从与姐姐的书信和面谈中了解了开弦弓村的一些生产、生活情况，而且还根据姐姐提供的资料，以费达生之名撰写了两篇文章，是为《江村经济》一书调查的预调查，在预调查中也酝酿了《江村经济》里的主要观点和假设，初步肯定了技术下乡和乡村合作工业给人民生活改善带来的益处。实地深入开弦弓村，严谨按照人类学田野作业的规范展开调查，纳入了费孝通的计划。

当时费孝通正处于情感的伤痛期。1935 年费孝通在清华大学研究生院毕业后，请假一年到广西瑶山调查，同去的妻子王同惠不幸遇难，自己也受了重伤，于 1936 年夏转回家乡进行调养。姐姐将费孝通安排住在她帮助农民办的一家小型合作丝厂里。由于腿伤不便，接近缫丝厂是费孝通当时唯一能做的事。正如费孝通所说：“反正没有别的事，开始问长问短，搞起‘社区研究’来了。”

从 1936 年 7 月 3 日到 8 月 25 日，费孝通写了 7 篇《江村通讯》，相继发表在《天津益世报·社会研究》第

11、12、13、19期上。这次研究工作实地调查约 1个月，分析及整理资料20多天，二者合约50多天，在他“为时两个月”的计划之内。1936年 9月初，费孝通带着他的调查材料，从上海启程，乘意大利的“白公爵”号邮轮远赴英国求学。按照吴文藻的建议，他将入伦敦大学政治经济学院，师从人类学家马林诺夫斯基。他在船上将在开弦弓村调查的有关资料整理出大纲，《江村经济》已具雏形。

10.4 内容提要

这是一本描述中国农民的消费、生产、分配和交易等体系的书，是根据对中国东部太湖东南岸开弦弓村的实地考察写成的。它旨在说明这一经济体系与特定地理环境的关系，以及与这个社区的社会结构的关系。同大多数中国农村一样，这个村庄正经历着一个巨大的变迁过程。透过这部著作，读者能够看到这个正在变化着的乡村经济的动力和问题。

全书共十六章（图10-2），分为前言、调查区域、家、财产与继承、亲属关系的扩展、户与村、生活、职业分化、劳作日程、农业、土地的占有、蚕丝业、养羊与贩卖、贸易、资金、中国的土地问题。另有人类学家马林诺夫斯基作的序及附录“关于中国亲属称谓的一点说明”。作者详尽地描述了江村这一经济体系与特定地理环境，以及与所在社区的社会结构的关系。

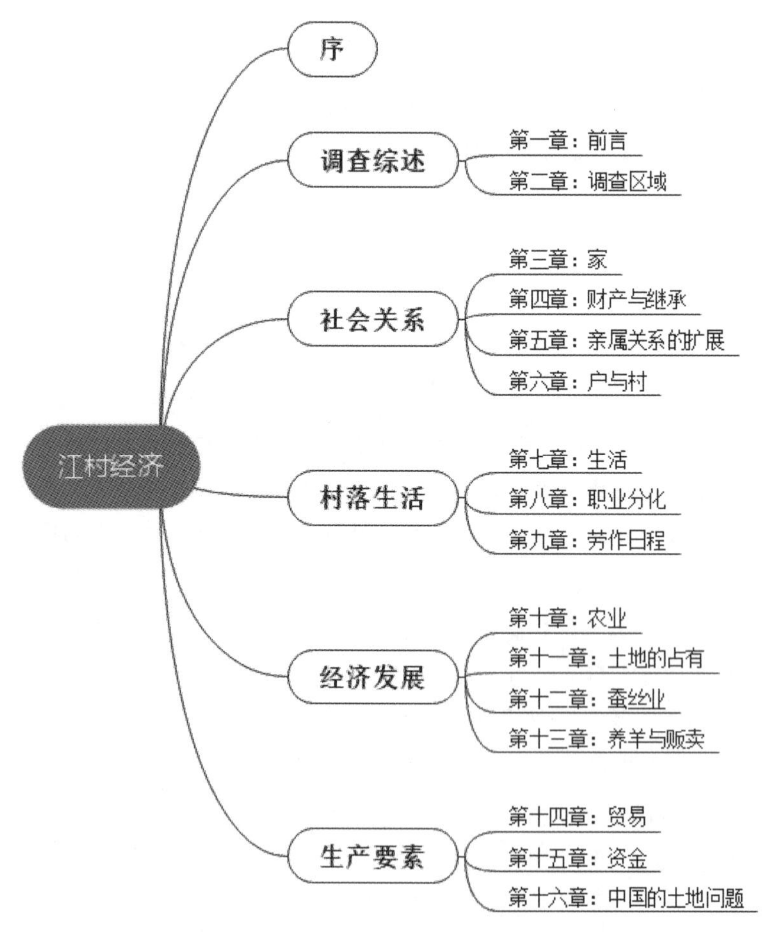

图10-2 《江村经济》内容提纲

（图片来源：编著团队自绘）

10.4.1 调查综述

（1）第一章：前言

正如费孝通先生在前言中提到的：

“这是一本描述中国农民的消费、生产、分配和交易等体系的书，是根据对中国东部、太湖东南岸开弦弓村的实地考察写成的。它旨在说明这一经济体系与特定地理环境的关系，以及与这个社区的社会结构的关系。”（摘录自《江村经济》，费孝通著，戴可景译，2017 年）

作者对于当时西方世界进入中国化的问题，提出了自己的观点，他认为强调传统力量与新的动力具有同等重要性是必要的，因为中国经济生活变迁的真正过程，既不是从西方社会制度直接转渡的过程，也不仅是传统的平衡受到了干扰。目前形势中所发生的问题是这两种力量相互作用的结果。这两种力量相互作用的产物不会是西方世界的复制品或者传统的复旧，其结果如何，将取决于人们如何去解决他们自己的问题。正确地了解当前存在的以事实为依据的情况，将有助于引导这种变迁趋向于我们所期望的结果。社会科学的功能就在于此。

对于导师马林诺夫斯基的功能学派观点，作者也做出了很好的论述：

“如果要组织有效果的行动并达到预期的目的，必须对社会制度的功能进行细致的分析，而且要同它们意欲满足的需要结合起来分析，也要同它们的运转所依赖的其他制度联系起来分析，以达到对情况的适当的阐述。这就是社会科学者的工作。”（摘录自《江村经济》，费孝通著，戴可景译，2017 年）

（2）第二章：调查区域

作者在第二章中提出了“小社区、大社会”的人类学研究方法，作者认为村庄是一个社区（图 10-3），其特征是，农户聚集在一个紧凑的居住区内，与其他相似的单位隔开相当一段距离（在中国有些地区，农户散居，情况并非如此），它是一个由各种形式的社会活动组成的群体，具有其特定的名称，而且是一个为人们所公认的事实上的社会单位。

作者运用了重实地调查和比较研究的社会科学研究方法论。他认为对这样一个小小的社会单位进行深入研究而得出的结论并不一定适用于其他单位。但是，这样的结论却可以用作假设，也可以作为在其他地方进行调查时的比较材料。这就是获得真正科学结论的最好方法。

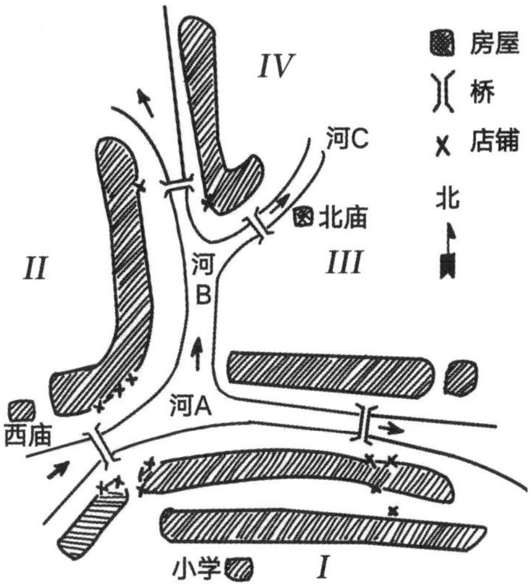

图 10-3 村庄的空间含义

（图片来源：根据参考文献 [2] 相关内容改绘）

10.4.2 社会关系

（1）第三章：家

第三章中作者对于中国社会的基本单元——家庭给出了定义与自己的理解：

“农村中的基本社会群体就是家，一个扩大的家庭。这个群体的成员占有共同的财产，有共同的收支预算，他们通过劳动的分工过着共同的生活。儿童们也是在这个群体中出生、养育并继承了财物、知识及社会地位。家，强调了父母和子女之间的相互依存。它给那些丧失劳动能力的老年人以生活的保障。它也有利于保证社会的延续和家庭成员之间的合作。”（摘录自《江村经济》，费孝通著，戴可景译，2017 年）

并且对于家庭成员的关系，所涉及的婚姻、生育、教育以及香火的延续给出了自己的观点：

“只有通过这样一个过程，一个依赖别人的孩子才逐渐成为社区的一个正式成员，同样，通过这种逐渐的变化，老年人退到了一个需要依靠别人的地位。这两个过程是总的过程的两个方面，这就是社会职能逐代的继替。虽然在生物学上一代代的个体是要死亡的，但社会的连续性却由此得到了保证。”（摘录自《江村经济》，费孝通著，戴可景译，2017 年）

虽然这个过程是缓慢的，但老的一代逐步隐退。在这一过程中知识和物质的东西从老的一代传递给青年一代，同时，后者便逐步承担起对社区和老一代的义务，因此，也就产生了教育、继承和子女义务等问题。

（2）第四章：财产与继承

作者首先对农村独特的财产权进行了分析：

“个人拥有的任何东西都被承认是他家的财产的一部分。家的成员对属于这个群体内任何一个成员的任何东西都有保护的义务。但这并不意味着这个群体中的不同成员对一件物的权利没有差别。家产的所有权，实际表示的是这个群体以各种不同等级共有的财产和每个成员个人所有的财产。”（摘录自《江村经济》，费孝通著，戴可景译，2017 年）

而关于财产的传递与继承，继承和继嗣的问题应被视为两代人之间相互关系的一部分，一方面是财产的传递，另一方面是赡养老人的义务。年轻一代供养老人的义务不仅靠法律的力量来维持，而且靠人的感情来保持。

对于丧葬习俗，作者认为服丧的时间及戴孝的轻重并不与传嗣相关。而在某种程度上与实际的社会关系及他们与死者之间的标准化的感情关系相关。人们并不认为戴孝会增加鬼魂的福利，而认为是对死者感情上的表露。

（3）第五章：亲属关系的扩展

维系中国独特且复杂的宗族与大家庭关系的便是亲属关系。亲属关系是联系家的各个成员的基本纽带，但家并不只限制在这个群体之内。它扩展到一个较广的范围，并使亲属关系形成较大社会群体的联系原则。对于“家”这一概念，作者给出了定义：

“家是一个未分家的，扩大的父系亲属群体，它不包括母亲方面的亲戚和已出嫁的女儿。父系方面的较大的亲属群体是这样一个群体：即其成员在分家后，仍然在一定程度上，保持着家的原来的社会关系。”（摘录自《江村经济》，费孝通著，戴可景译，2017 年）

而对于“族”，作者认为：

“族的最重要的功能在于控制婚姻规则。族是外婚制单位，叔嫂婚例外。族缺少明确的界线，这一点并不妨碍外婚制的功能，因为大多数婚姻都在各村之间进行，而族的组织很少超越村的范围。”（摘录自《江村经济》，费孝通著，戴可景译，2017 年）

（4）第六章：户与村

对于中国社会来说，家庭的上一级单元就是户与村。家是由亲属纽带结合在一起的，在经济生活中并不一定是一个有效的劳动单元。住在一起，参加部分共同经济活动的人，不一定被看作家的成员。作者在这里采用“户”这个词，来指这种基本的地域性群体。

而对于村这个单元，若干“家”联合在一起形成了较大的地域群体，大群体的形成取决于居住在一个较广区域里的人的共同利益。人们住在一起，或相互为邻这个事实，产生了对政治、经济、宗教及娱乐等各种组织的需要。

村庄的各种社会职能，一般由村长通过政府来执行，而在那个特殊的历史时期，又有保甲这一强加的政治体制。

10.4.3　村落生活

（1）第七章：生活

本章所讨论的“生活”主要是经济生活，由于国内工业的衰落，高额地租的负担使得村民面临着空前的经济不景气。村民难以取得贷款，或成为高利贷的牺牲品，处于进退维谷的处境。

村民在诸如娱乐与文化这类非必需的消费方面，承认在一定范围内的要求是适当与必要的，超出这个范围的要求是浪费和奢侈。因此便建立起了一个标准，对消费的数量和类型进行控制。作者对于村民在文化、住房、运输、衣着、营养、娱乐、礼仪方面的开支进行了详细的定性与定量的描述，并且详细计算了村民所需要维系正常生活的最低开支。

（2）第八章：职业分化

在消费方面，没有必要把该村的居民进行分类，但在生产过程中，则有职业的区别。根据人口普查，有四种职业：农业、专门职业、渔业、无业。其中专门职业分为在城镇从事专门职业的纺丝工人、零售商、航船、手工业与服务行业者（细分为木匠、理发匠等多种）。在人口普查中，家庭的职业是根据一家之长的职业而定的。

（3）第九章：劳作日程

作者在这一章节中，首先讨论了计时系统的重要性：计时法不论如何简单，它是每一种文化的实际需要，也是情感的需要。人类每一个群体的成员都需要对各种活动进行协调，例如为未来的活动选定日期，对过去的事情进行追忆，对过去和未来时期的长短进行测量。

西历、阴历、节气这三种历法都被人们所采用，西历通常在学校、办公室所使用；传统的阴历广泛使用在记忆感情的事件及接洽实际事务等场合；传统节气主要是用来记录气候变化。作者最后运用以上各种计时系统，列出了村庄各种经济和社会活动的时间表。

10.4.4　经济发展

（1）第十章：农业

农业这章是该著作中颇为精彩的一章，三分之二的村民从事农业，因此农业在开弦弓村经济产业中的重要性不言而喻。一年中，村民有超过八个月的时间用来种田，农民的食物完全依赖自己田地的产品，因此要研究生产问题，首先要研究农业。

作者首先介绍了农田安排，包括种植作物，土地划分，农田灌溉与排水（图 10-4）。接着阐述了翻土与平地、插秧与除草等种稻技术。由于自然界尚有不能控制的因素，人们承认自己力量毕竟有限，于是产生了种种巫术，但这并不代替科学，而是用来对付自然灾害的一种手段。最后作者从技术方面详细介绍了田里的劳动组织。

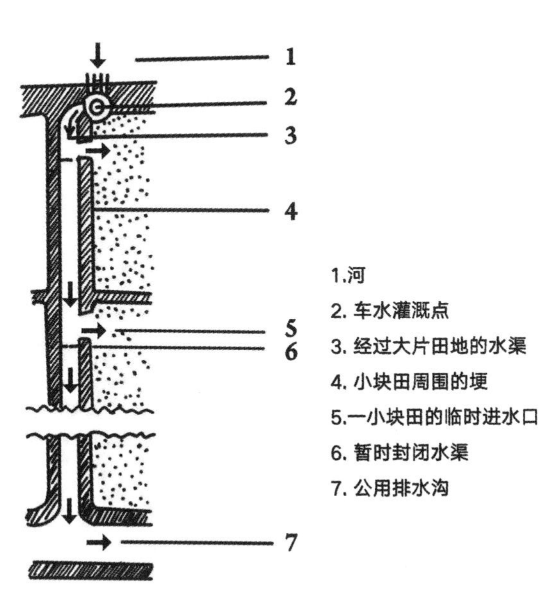

图 10-4　田埂和水渠系统

（图片来源：根据本章参考文献 [2] 相关内容改绘）

（2）第十一章：土地的占有

土地的占有通常被看作习惯上和法律上承认的土地所有权，因此，土地的占有是一件颇为复杂的事情，但作者生动且详细地为我们讲明了当地土地占有的种种情况。

湖泊、河流和道路这些公共资源不能独占，但是每户都有使用方面的一些特权。而对于农田，土地被划分为两层，即田面和田底。仅持有土地所有权（田底）的人被称为不在地主；既有田面又有田底的人被称为完全所有者；仅有田面的人为佃户。如果家里劳力不够，就产生了雇农制度，雇农被称为长工，吃住在雇主家里。长工出卖自己的劳动力，获得工钱，之后购买土地，娶妻生子。如果家中男人死亡，孤儿寡母无力耕作土地，土地便出租出去，出租者保留土地的所有权，合同有一定的期限。而不在地主制与完全所有制，则相当复杂，详见第 10.7 节难点解释。

在该部分的最后，作者详细介绍了农业的继承（图 10-5）。由于每次分家，土地都要进行划分，因此这限制了抚育孩子的数量，而土地较多的农户生养较多的孩子，几代人之后，各户之间土地的数量趋于平均。

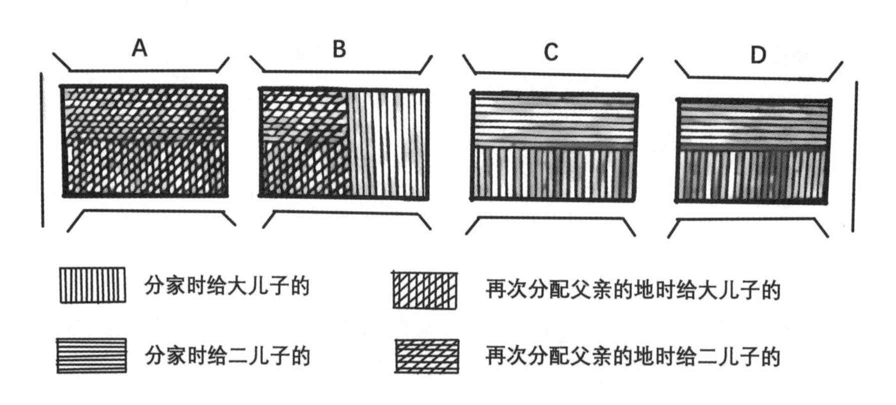

图 10-5　乡村的土地分配模式示意

（图片来源：根据本章参考文献 [2] 相关内容改绘）

（3）第十二章：蚕丝业

这章是该著作中描写最为精彩的段落。蚕丝业是本村居民的第二大收入来源，但由于种种原因有所衰退，影响了村民的生活。政府和其他机构做了各种尝试以控制这种变化，减轻或消灭灾难性的后果。

作者首先对于变化过程进行了图解，促进工业变化的主要原因是，生丝价格的下跌，使得村民为了维持基本生活，停止了文娱和礼节性活动，并且借上了高利贷。而变革的主要力量来自外界：江苏省女子蚕业学校，他们发起了种种改革计划。

具体措施有：依靠专家供应蚕种，在教学中心的监督下养蚕，并且建立开设有现代机器的工厂。这一变革获得了当地政府的认可与支持，并且由村长负责引导实施，但改革还是遇到了种种困难。关于分红，以及工业化造成的失业问题，都引起了当地社会的变革。虽然很多妇女失去了劳动机会，但在工厂就业的妇女成为“挣工资”的人，社会地位大大提高，传统的家庭观念因此受到了很大冲击。

（4）第十三章：养羊与贩卖

为了抵挡蚕丝业的萧条，村民做了很多努力，其中最重要的一项便是养羊。养羊大约从十年前开始，市场的需要使得村子里兴起了这项事业。

养羊所遇到的最主要问题便是饲养问题。由于村子里都是田地（图 10-6），没有适用于放羊的土地，人们便把羊圈养起来，割草喂羊，并收集羊粪，作为一项有价值的肥料。

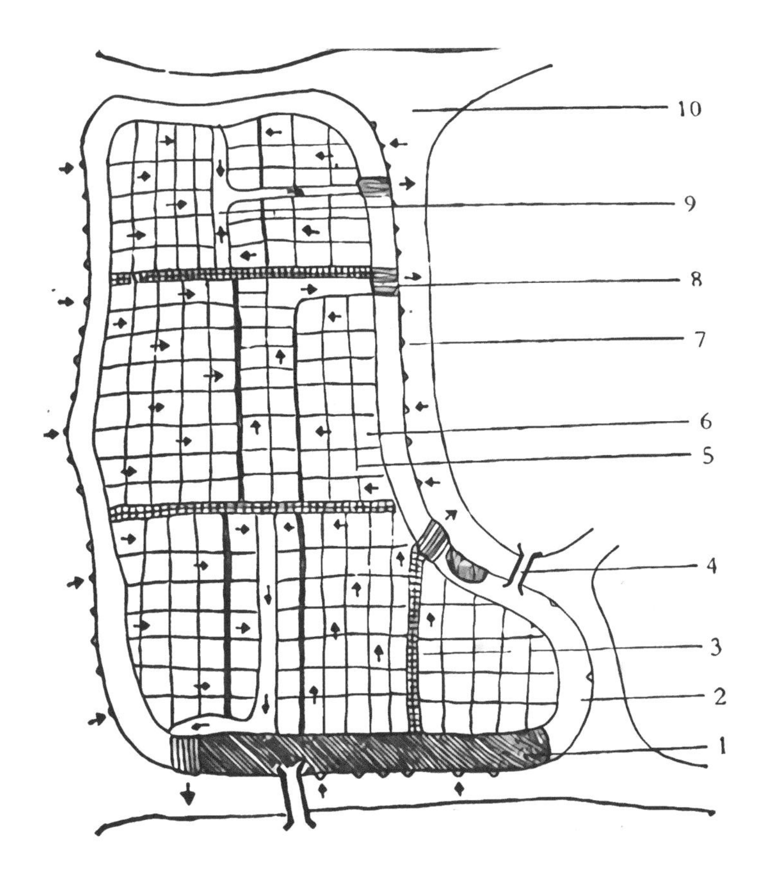

1.房屋　2.种桑树边缘地　3.两块田中间的埂
4.桥　5.两小块田之间的埂　6.一小块田　7.车水灌溉点　8.集体排水点　9.公用排水渠　10. 河

图 10-6　典型的乡村农田格局示意

（图片来源：根据本章参考文献 [2] 相关内容改绘）

由于羊胎皮非常值钱，当羊胎即将长成时，村民可以将羊卖掉，或者把羊羔卖掉，把母羊留下。虽然羊羔价格略低，但是母羊一年能生一两次羊羔，并且羊羔长大需要一两年，因此，人们倾向于卖羊羔。一只母羊每年平均生 2~4 只羊羔，能为羊主人增加 20~40 元的收入。

10.4.5　生产要素

（1）第十四章：贸易

贸易中最主要的一个环节便是交换，交换是个人之间或一些人之间的物品或劳动在某种等价的基础上，互相转换的过程。哪里有专门化的生产，哪里便需要交换。

农村的交换主要是内外购销，内部购销是在村庄社区范围内交换货物或劳务，外部购销是村和外界进行的交换。而村内的购销则是由小贩完成的，他们可以是固定的或者是不固定的，根据他们出售的货物种类而定。而零售店则在固定的一个地方吸引顾客到店里来。但小贩和零售店不能满足村民全部的日常需求，因此航船便成了消费者的购买代理人与生产者的销售代理人，从中赚得一些收入，在乡村经济中起着重要的作用，这种制度在太湖周边非常普遍，它促使附近城镇有了特殊的发展。

（2）第十五章：资金

在交换过程中，在货物、劳务或现金不能及时偿还时便发生了信贷。简单地说，信贷就是一方信赖另一方，延迟一段时间，最后偿还。

在本章，作者通过信贷的广泛意义讲解了农村信贷体系，由于土地所有制的问题，佃户需要负担沉重的地租，在蚕丝业景气时，大家可以维持生活，并且有一定积蓄，但如今蚕丝业萧条，大家都艰难维持生活，甚至产生了亏空。

当需要大笔款项时，亲戚朋友之间的互助不能满足需求，于是产生了互助会，某人需要经济援助时发起，会员们认为是对组织者的帮助。当农产品价格下降时，要使收入和往常一样，产量必须增加，村民的稻米储备在新米上市前便耗尽，村民需要通过航船向米行借米。由于米行和村民存在长期的合作关系，并且有航船主作为担保，因此这一借贷系统是可靠稳定的。

而农村资金缺乏时，往往需要向城里借钱，如果村民在城里没有关系亲近、较为富裕的亲戚，则必须向职业放贷人借钱，放贷人以很高的利息借钱给农民，这就是高利贷。政府为稳定农村金融，开办了信贷合作社，这是农民用低利率从国家银行借钱的手段。信贷合作社成功与否取决于其管理水平的高低和政府提供贷款能力的大小，在开弦弓村，这一制度失败了。

（3）第十六章：中国的土地问题

这一章是著作的精华，作者给出了结论，并提出了极其精彩的建议。作者认为中国农民的基本问题，简单地说，就是农民的收入降低到不足以维持最低生活水平所需的程度。中国农村真正的问题是人民的饥饿问题。

由于收入不断下降，农民尽管节约各种开支，甚至借高利贷，但是他们依旧难以维持基本生活需要。如果他们不能支付不断增加的利息、地租和捐税，他们就会受到监禁与法律制裁。当饥饿的恐惧超过了枪杀的恐惧时，农民起义发生了，这催生了华北的“红枪会”，华中的共产党运动。

虽然国民政府在纸上写了种种诺言与承诺，但实际上它把大部分收入用于反共运动，所以它不可能采取任何实际行动和措施来进行改革。作者认为：共产党运动的实质，是农民对土地制度不满的反抗，无论是土地改革、减少地租、平均地权，都不能最终解决中国的土地问题。这一观点也使得作者在新中国的政治风波中惨遭波及。著作的最后，作者提出：

“最终解决中国土地问题的方法不在于紧缩农民的开支而应该增加农民的收入。”（摘录自《江村经济》，费孝通著，戴可景译，2017 年）

作者在此重申恢复农村企业是根本的措施。这一真知灼见在改革开放后很快应验，足以佐证该著作的伟大与不朽。

10.5 学术思想

10.5.1 建立了“小社区、大社会”的社会人类学研究范式

费孝通先生把美国社会学芝加哥学派（直接受派克影响）的区位“分立群域”的社区分析理论和方法同英国

功能主义人类学（先后受吴文澡、史国禄、马林诺夫斯基的影响）的功能分析理论与方法创造性地结合，确立了通过对“微型社会”进行功能分析来认识中国农村社会现状与变迁的认识路径，初步形成他的“小社区、大社会”的社会人类学研究范式中的认识模式，顺应了人类学本土化的要求，也对其后来的学术生涯产生了直接的影响，并为中国人类学本土化奠定了基石。

10.5.2 创立了“认识→实践→再认识→再实践→新的认识”方法论

从费孝通先生接触和接受西方的人类学、社会学理论和方法，到在实践中运用这些理论与方法认识和剖析中国农村社会，形成自己的理论认识，直到完成《江村经济》，他作为早期杰出的人类学学者，其认识发展的逻辑轨迹是十分清楚的。正如龙先琼所述：

“《江村经济》提供了认识（接受西方理论与方法）→实践（产生现实疑问）→再认识（寻找新理论）→再实践（运用理论于社会实践）→新的认识（自己经验的抽象）的逻辑思维线索，对我们正确处理理论运用与实践创造的关系具有方法论上的启发。”（摘录自《乡土认识的三重飞跃——人类学本土化视野下〈江村经济〉的意义及局限》，龙先琼，2006年）

10.5.3 开创了定量研究在社会科学中的应用

在《江村经济》中，对于调查区域、家庭、经济状况、人口、男女比例、土地等多种要素，费孝通先生都提供了翔实的数字。费先生实际上也是中国乃至世界，最早将定量研究方法使用到社会科学中的研究者之一。在此之前，中国的知识体系中不要说定量研究了，连定性研究都是缺乏的。20世纪早期，中国学界普遍认为：定量研究是自然科学的方法，定性研究是社会科学的方法。至于社会科学怎么定量，这是一个难题。正如樊冬乐[4]先生所述：

“费孝通先生就是在这样的情况下，将定量研究的方法引入了社会科学研究的领域，这是一个非常重要的贡献。”（摘录自《重读〈江村经济〉及其研究方法》，樊冬乐，2020年）

10.5.4 进行了自然科学与社会科学的有机结合

《江村经济》继承了自然科学方法的基础，展现了社会学研究方法的科学特征，进一步发展了询问技术，从而使社会学研究的分类和解释工作，既具有自然科学的严密逻辑性，又具有发现对象规律的直接测量性。《江村经济》容纳了自然科学“观察—假设—检验”的研究路线，进而发展询问方法，开创出以向研究对象虚心请教为过程、以双向交流为手段、以直接发现研究对象“逻辑”为目标的“询问—建构—反馈”的社会科学研究路线。这对于社会学与人类学的科学化打下了坚实的基础。

10.6 著作影响

10.6.1 开启了中国社会研究本土化的进程

《江村经济》开辟了中国自己关于人类学和社会学的话语时代，开启了中国社会研究本土化的进程，正如龙先琼所述：

《江村经济》“结束了中国早期人类学家移植和复制西方社会学——人类学的历史，告别了没有自己学术话语的时代。”（摘录自《乡土认识的三重飞跃——人类学本土化视野下〈江村经济〉的意义及局限》，龙先琼，

2006 年）

社会学和人类学传入中国是在 20 世纪 20 年代初。然而，直到 20 世纪 30 年代中期，它们基本上还是作为西方的学科知识在传授，留洋学者们机械地照搬和运用欧美社会学与人类学的理论和方法。对此，费孝通先生自己深有感触。他说：

“现在中国社会学的学生免不了有一种苦闷。这种苦闷有两方面：一是苦于在书本上，在课堂里，得不到认识中国社会的机会；一是苦于现在的一般论中国社会的人缺乏正确观念，不去认识，话愈多而视听愈乱。”（摘录自《费孝通文集：第一卷》，费孝通，1999 年））

直到《江村经济》的出版，加之 20 世纪三四十年代之交，中国人类学界“北派”与“南派”的出现，中国人类学才开始进入自己的话语时代。因此，《江村经济》在我国人类学话语系统创新中的贡献为世人瞩目。

10.6.2 首开人类学本土化研究之先河

从追求认识人类的普遍性和一般发展法则来说，人类学不仅应研究“异文化”，而且要认识“本文化”；不仅要认识“野蛮文化”，而且要研究“文明文化”。从人类不同族群文化的差异性比较中揭示人类文化的同一性特点和发展规律，这是人类学的最高价值体现（或者说是人类学的本质）。《江村经济》用功能主义学说分析“江村”社区的经济与社会的互动关系及其影响，一举突破以往人类学家研究非西方所谓未开发的“野蛮社会”的传统视野，而着力解剖本土的“文明”社区，实现了人类学族群研究和文化研究真正统一的价值拓展，使人类学真正有了跨文化视野，将人类学从“野蛮学”提升为真正的“人类学”。

10.6.3 开辟了“应用人类学”的新领域

《江村经济》一书，开辟了人类学研究的新领域，即“应用人类学”。正如龙先琼[3]所述：

“《江村经济》以‘社区’为视域，用功能主义的理论和方法分析中国乡村社区的经济和社会的互动关系及其影响，突破了此前人类学主要记录和比较不同族群的宗教、习俗、神话、婚育、亲族等文化观念和亲缘关系的过程及特点的传统价值视野，突出了研究社区内消费、生产、交易、分配等经济活动产生的原因、特点及其与环境、文化信仰和社会交往的关系，并提出相应的社区改造方案，开辟了应用人类学的新领域，赋予人类学发展的新的价值目标，从经济与社会互动关系来解剖乡村社会结构及变迁，以达到对乡村社会运行秩序的重构。”（摘录自《乡土认识的三重飞跃——人类学本土化视野下 <江村经济> 的意义及局限》，龙先琼，2006 年）

对此，费孝通先生的导师马林诺夫斯基在《江村经济》的序言中给予了较高的肯定，认为该书是应用人类学的“宪章”。《江村经济》对其后中国人类学学者的成长和中国人类学的发展确实起到了价值定向的作用。

10.6.4 进行了田野调查对人类学的革命

费孝通先生师从史禄国和马林诺夫斯基，前者是俄国著名人类学家，而且在通古斯人和满族研究中实地调查过，是这方面的权威，后者是功能学派创始人之一，著名人类学家，同时也是人类学田野调查的变革者。人类学经历过“摇椅上的人类学”这一阶段，费孝通先生深知学者们脱离实地调查的弊端。根据樊冬乐先生所述：

“费孝通先生找到了有代表性、有特殊关系的村庄——自己姐姐任职的村，进行了深入扎实的田野调查，因此他得到了大量翔实可靠的资料，这对《江村经济》的成书有重要影响。”（摘录自《重读 <江村经济> 及其研究方法》，樊冬乐，2020 年）

马氏的田野调查与费先生的《江村经济》引起了人类学的革命，通过田野调查，整理出来的资料和成果更加真实可靠，而且可以发现过去文字资料中忽略的重要研究内容。田野调查目前被公认为是人类学学科的基本方法论，也是最早的人类学方法论。

10.7 难点解释

10.7.1 保甲制

保甲制是民国时期的行政体制。北京大学出版社出版的《江村经济》第 98 页中解释道：

"'保甲'是个旧词，是宋朝（公元 960—1276 年）的行政制度。民国时期恢复了这一制度，民国时期保甲制度在村基本形式为 10 户为甲，10 甲为保，实际操作城市与乡村、各地区可略有弹性。在城市则以每一门牌为一户，如同一门牌内有两家以上仍以一户计，编为第几保第几甲第几户，设户长。户长由此门牌内各家互推一人充任。根据《南京市城区编组保甲暂行办法草案》之规定，南京城区'二十五户为一甲，二十五甲为一保'、'编余之户十五户以上另立一甲，十四户以下并入邻近之甲；十五甲以上另立一保，十四甲以下并入邻近之保'。1938 年 2 月行政院颁布《非常时期各地举办联保联坐注意要点》规定：'在城市地方邻居多不相识，或其地客民多于土著，良莠难分，彼此不愿联保者，得令就保内各觅五户签具联保，或由县市内殷实商号或富户，或现任公务员二人，出具保证书，其责任与联保同。'"（摘录自《江村经济》，费孝通著，戴可景译，2012 年）

10.7.2 不在地主制

不在地主，亦称"在外地主"，长期不在本乡居住的地主。在中华人民共和国成立以前，有的是居住在城市或外乡的官吏、工商业者，在乡村购置并出租土地，委托他人收取地租；有的原是本乡的地主，因故离乡，长期在外居住。

不在地主掌握着土地的田底所有权，负责交税。田底所有权仅仅表明对地租的一种权利，这种所有权可以像买卖债券和股票那样在市场上出售。佃户保留着田面所有权，不受田底所有者的干涉。佃户的唯一责任就是交租，如果佃户连续两年交不起租，地主即可退佃。

北京大学出版社出版的《江村经济》第 167 页中解释道：

"地主收租有各种方式，最简单的是直接收租，但是效率不高，费时费力。由于佃户的讨价还价或者地主碍于人道主义精神，可能会妨碍收租。这种方式限于少量小地主，大多数地主通过代理人收租。家产大的地主成立收租局，小地主和大地主联合经营，租款分成，收租所称为'局'。佃户不知道也不关心自己的地主是谁，只知道自己属于哪个局。"（摘录自《江村经济》，费孝通著，戴可景译，2012 年）

收租前，地主联合会举行会议，根据收成、时局确定收租金额。但抗战前夕，局势发生了变化，乡村地区的经济萧条使得地租成为农民的沉重负担，孙中山先生以及共产党等关于土地的观念被大家所接受。不在地主制受到了很大冲击，佃户与地主间冲突加剧，贫农联合组织起来，拒绝交租，与地主发生了严重冲突，这便是我们后来所说的第一次与第二次土地革命。随着第三次至第五次土地革命的成功，1950 年夏，中国人民政府颁布《中华人民共和国土地改革法》，废除封建的土地所有制，实行农民阶级的土地所有制。1952 年底，全国基本上完成了土地改革，在我国延续了数千年的封建剥削土地制度被彻底废除了。

本章参考文献

[1] 刘豪兴．“江村调查”的历程、传承及“江村学”的创建[J].西北师大学报（社会科学版），2017，54(1):5-20.

[2] 费孝通．江村经济[M].戴可景，译．上海：生活·读书·新知三联书店，2017.

[3] 龙先琼．乡土认识的三重飞跃——人类学本土化视野下《江村经济》的意义及局限[J].中南民族大学学报（人文社会科学版），2006(2):27-30.

[4] 樊冬乐．重读《江村经济》及其研究方法[J].今古文创，2020(19):93-94.

[5] 费孝通．费孝通文集：第一卷[M].北京：群言出版社，1999.

[6] 费孝通．江村经济[M].戴可景，译．北京：北京大学出版社，2012.

第 11 章

《设计结合自然》导读

11.1 信息简表

《设计结合自然》信息如表 11-1 所示，其部分版本的著作封面如图 11-1 所示。

表 11-1 《设计结合自然》信息简表

<table>
<tr><td colspan="5">Design with Nature</td></tr>
<tr><td>原著作者</td><td colspan="4">[英文名] Ian Lennox McHarg
[中译名] 伊恩・伦诺克斯・麦克哈格</td></tr>
<tr><td>译名</td><td colspan="4">[中] 设计结合自然</td></tr>
<tr><td>主要版本</td><td colspan="2">译者</td><td>出版时间</td><td>出版社</td></tr>
<tr><td rowspan="2">美原著</td><td>第一版</td><td rowspan="2">—</td><td>1969 年 3 月</td><td rowspan="2">John Wiley</td></tr>
<tr><td>第二版</td><td>1995 年 2 月</td></tr>
<tr><td rowspan="3">中译著</td><td>第一版</td><td rowspan="3">芮经纬</td><td>1992 年 9 月</td><td>中国建筑工业出版社</td></tr>
<tr><td>第二版</td><td>2006 年 10 月</td><td>天津大学出版社</td></tr>
<tr><td>第三版</td><td>2010 年 11 月</td><td>辽宁科学技术出版社</td></tr>
</table>

图 11-1 部分版本的著作封面

（图片来源：编著团队根据出版社封面原图扫描或改绘）

11.2 作者生平

伊恩・伦诺克斯・麦克哈格（1992—2001 年），是苏格兰景观设计师和使用自然系统进行区域规划的作家。麦克哈格是环境运动中最有影响力的人之一，他将环境问题带入广泛的公众意识，并将生态规划方法带入景观设计、城市规划和公共政策，使其成为主流理念。他是美国宾夕法尼亚大学景观建筑系的创始人。他在 1969 年出版的《设计结合自然》一书率先提出生态规划的概念，这部著作仍然是最广为人知的景观建筑和土地利用规划书籍之一。

11.3 历史背景

设计结合自然的理念最早源于景观建筑哲学领域。它对法国巴洛克风格的园林设计提出了尖锐的批评，麦克哈格将其视为对自然的亵渎，并对英国风景如画运动下的园林设计风格赞不绝口。然而，麦克哈格的重点只是部分地放在主导英国风景如画运动的视觉和感官品质上。相反，他认为早期的传统园林设计是他哲学思想的先驱，其哲学思想的根基不是贵族庄园设计甚至花园设计，而是更广泛地植根于接受人与自然交织世界的生态敏感性，并追求更充分地根据环境、气候和环境条件智能地设计人类环境。

麦克哈格在美国社会面临城市化和环境危机的关键时刻，将当时有限的生态学知识和自然环境学科引入景观设计与区域规划领域，从而扛起了生态规划的大旗，将当时只关心贵族后花园的景观设计学，引向拯救城市、拯救地球和人类的发展之路，使其成为美国环境运动和人地关系设计的中坚；他向追求人为的秩序和区划的传统城市物质规划方法提出了挑战，而提出设计结合自然的物质规划方法论，是景观、城市与区域物质规划方法论上的一次革命。

11.4 内容提要

1969 年，麦克哈格出版了《设计结合自然》，著作本质上是关于如何将一个区域分解为适当用途的分步说明书。该著作以丰富的资料、精辟的论断，阐述了人与自然环境之间不可分割的依赖关系、大自然演进的规律和人类认识的深化（图 11-2）。作者提出以生态原理进行规划操作和分析的方法，使理论与实践紧密结合。书中通过许多实例，详细介绍了这种方法的具体应用，对城市、乡村、海洋、陆地、植被、气候等问题均以生态原理加以研究，并指出正确利用的途径。

纵观著作全文，一共分为 16 章主要内容，实际上各章节遵循“1+1”的模式：即前一个章节讲理论与价值观，比较宏观地论述麦克哈格对于景观城市的设计、人与自然关系的理解；后一个章节基于前一章节提出的价值观，用一个具体的设计案例和与之配合的设计方法，阐述景观分析、设计、深化的逻辑。

麦克哈格始终围绕着自然价值观的建立展开论述，他用多个案例来说明生态规划的原理和方法，由美国东部海岸带的保护和利用，到新泽西州的高速公路选线，区域土地的开发利用，如华盛顿和费城大都市区域的城市土地利用适宜性研究等，始终以生态学的观点，既从宏观方面也从微观方面来研究自然环境与人的关系。首先，阐明了人类对自然进行掠夺性开发的灾难性后果，强调人与自然有着不可或缺的依赖关系，提出适应自然的特征来创造人的生存环境的可能性与必然性。其次，指出我们必须把人类看作整个生物界的一份子来处理人与自然的关系，证明了在自然演进的过程中，人对大自然的依存关系，批判以人为中心的思想。同时，对东西方哲学、宗教和美学等文化进行了比较，揭示了差别的根源；提出了土地利用的准则，阐明了综合社会、经济和物质环境诸要素的方法。最后，指出城市和建筑等人造物的评价与创造，应以适应为准则。

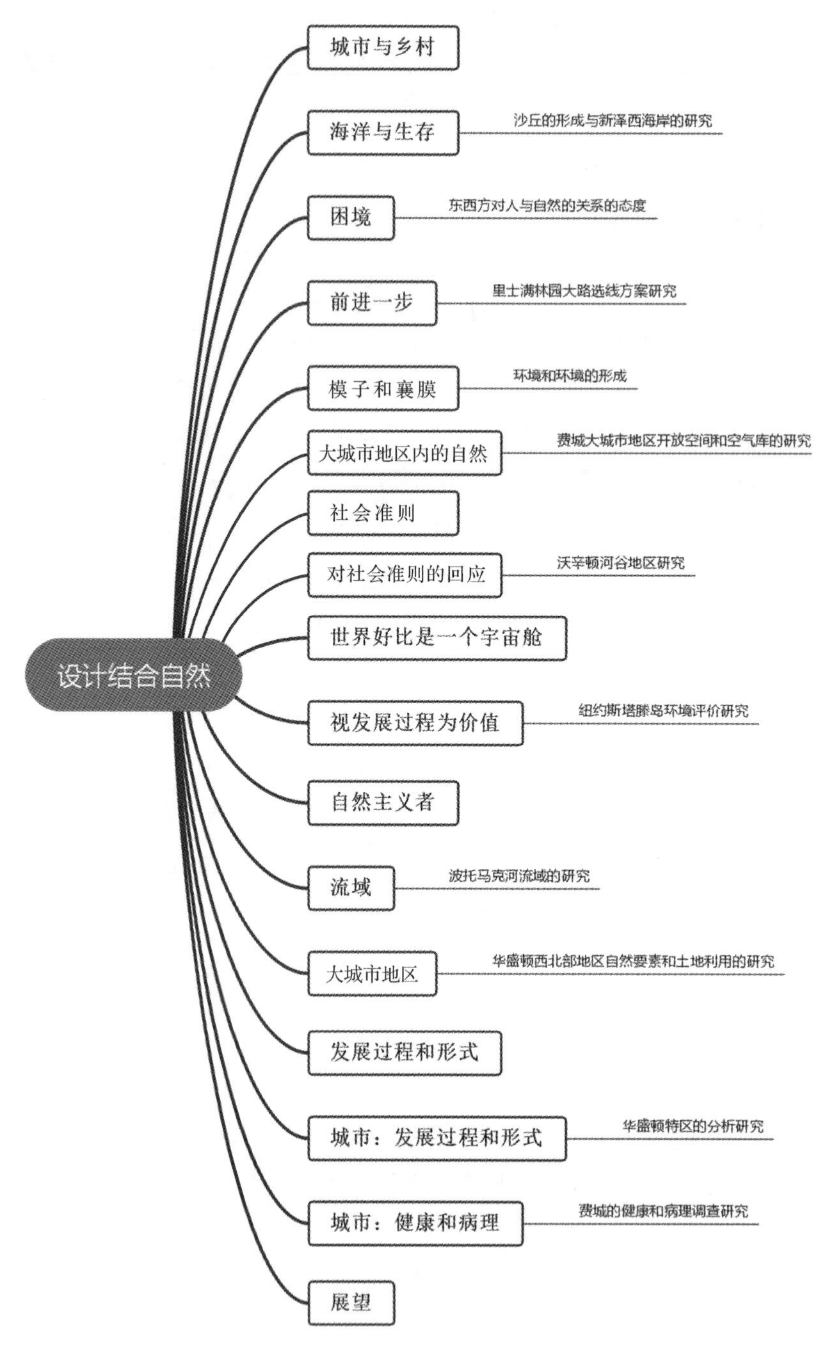

图 11-2 《设计结合自然》内容提纲

（图片来源：编著团队自绘）

11.4.1 “态度”——对待人与自然关系的态度

在著作的前两章“城市与乡村”和“海洋与生存”中，作者首先说明了自然对于人的重要作用，用两个关键词来描述，就是“恢复”和“保护”，就是说人无论从物质上和精神上都需要自然，而人的精神恢复很多时候是依赖于自然的。另外，通过沙丘的例子说明了自然本身就为人类生存提供了一种保护屏障，而人自己创造的屏障往往没有自然屏障来得有效。在后面的章节中，自然对人类生活的重要性多次被提到，并且，作者极力批判以人为中心的思想，提出人是自然的一部分，自然是人生存的基础，承认了人类对于自然漫长的演进过程而言是渺小的，但是也强调人独有的个性应得到特殊的发展机会且被赋予责任，并且指出人类城市、环境中出现的各种恶劣的问题（如污染、过度开发、社会问题等）都是由于人类过高估计自己的地位和夸大控制力造成的结果。诚然，如书中描述：

“自然是一个单一的相互作用的体系，任何部分的变化都会影响到整个体系的过程。”（摘录自《设计结合自然》，麦克哈格著，芮经纬译，1992 年）

因此，人类作为自然的一部分，是要考虑自然因素的，因为自然因素会反过来又影响人类。

11.4.2 “价值”——综合的社会价值和评价研究的方法

贯穿《设计结合自然》一书的另一条主线是“社会综合价值”。关于这个方面可以用两个关键词来叙述——“拓展”和“深化”。“拓展”指价值概念的拓展，“深化”指设计要求和研究方法的深化。

“自然可视为相互作用的过程，有规律的，能组成一个价值体系，自然内在地为人类提供利用的机会和限制。

自然，无须人类的投资为人类做出贡献，而这种贡献却是代表了价值。

保证社会保护自然演进过程的价值，也就是保护社会自己。”（摘录自《设计结合自然》，麦克哈格著，芮经纬译，1992 年）

“自然价值”在书中多次被强调，而保证“自然价值”的目的也被明确为更好地保护人类，就是说将“自然价值”统一到人类的价值体系中来了。麦克哈格批判了经济价值论，提出设计应当结合资源价值、社会价值和美学价值，以公路为例说明设计应当满足“最大的社会效益和最小的社会损失”的要求，而这里所说的社会价值已经得到了拓展，而这种拓展无疑会为我们的设计方向和可控性提供更多的依据，对设计的要求也同时提高了，体现了一种价值最优化的设计要求，从而引出了“确认社会发展过程和自然演进过程的作用并把两者作为社会价值考虑”的研究方法，这是一种对设计方法和设计目标的深化。同时，为很多具体问题——如公路设计、土地利用等，提供了新的可持续发展的依据。

11.4.3 一种逻辑关系——关于适应、创造和形式

书中重点讨论的几个关键的概念形成了一套紧密的逻辑关系——“适应、创造和形式”。麦克哈格不仅给出了这些关键词在设计中的意义，还阐述了他们之间的一种逻辑关系，而这种逻辑关系对我们认识和控制设计本身是很有意义的。

“形式是和所有的进化过程结合在一起的，是和过程不可分离的有意义的表现，但是形式能显示有害的适应、错误的适应、不适应、适应、最适应。

适应必须由形式来显示……形式不仅显示出适应力，而且也显示出创造性。

创造是把物质提高到更高级的有序的水平，破坏就是衰减，而进化的总和就是创造。”（摘录自《设计结合自然》，麦克哈格著，芮经纬译，1992 年）

麦克哈格在讨论城市发展和土地问题上的时候（如书中所举的华盛顿的例子），最关注的是“城市的发展是否符合自然进化过程价值和土地内在的适合程度”，同时，在分析土地利用的时候，也强调了八个自然要素和由其自然价值所决定的土地的内在适合度。

那么，归纳麦克哈格对“适应、创造和形式”的描述，我们不难看出其中的逻辑关系——适应是一种自然的准则，引入设计中，就是由价值分析所决定的一种设计标准，当然，这里的价值是充分考虑了自然要素的；而形式是适应性的一种表现（当然，这里说的适应性包括适应的不同程度）；创造则是积极适应的一种物化过程的描述，它也是通过形式表现出来的。

“我们需要知道，什么地方是健康的环境，因为那里的环境是适应的，适应就是一种创造。那里就是一个创造——适应——健康的环境。我们必须知道它是由什么组成的，以便建设具有人性的城市。”（摘录自《设计结合自然》，麦克哈格著，芮经纬译，1992 年）

由此，我们就不难理解作者在书最后所提出来的两个关系式，“创造——适应——健康”和“破坏——不适应——疾病”，我们要做的就是寻找一种形式，一种能体现第一个关系式的设计，为人类更好地生存而设计。这就是“设计结合自然”。

11.5 学术思想

景观生态学（landscape ecology，又名地景生态学）是研究和改善环境中的生态过程与特定生态系统之间的关系的科学。这是在不同景观尺度、发展空间格局以及研究和政策的组织层次上完成的。简而言之，景观生态学可以说是景观多样性的科学，而景观多样性是生物多样性和地质多样性协同作用的结果。《设计结合自然》就是建立在景观生态学理论基础之上的一本著作。

纵观景观生态规划的概念和发展历程，景观生态规划可分为：①前麦克哈格时代的景观系统规划，即以自然系统思想为指导的没有生态学的生态规划；②麦克哈格时代的生态规划，即以生物生态学的适应性原理为基础的人类生态规划；③后麦克哈格时代的景观生态规划，即以景观生态学的过程与格局关系研究为主要基础的规划方法。俞孔坚教授曾在《景观生态规划发展历程——纪念麦克哈格先生逝世两周年》中详细地阐述了景观生态如何一步步进入规划中的发展历程，并客观评价了麦克哈格先生对该学科发展做出的重要贡献[1]。

11.5.1 前麦克哈格时代的景观系统规划

早在 1865 年的北美，语言学家马什（George Perkins Marsh）发表了具有划时代意义的著作《人与自然：人类活动所改变了的自然地理》，用以告诫城市和土地规划师应谨慎地对待自然系统。此时生态的概念和生态学还尚未出现，但是已经有部分科学家和规划师前瞻性地将自然作为生命的邮寄系统纳入规划中考量。而早期的景观规划师在 19 世纪后半叶将自然系统的科学真正带入规划领域，其中美国景观设计之父 Olmsted 主导设计的“蓝宝石项链的波士顿绿地系统”就是将景观作为自然系统理念引入规划的重要代表作之一。无独有偶，另一位景观规划大师——查尔斯·埃里奥特（Charles Eliot）早在 1900 年前后主导设计的“波士顿大都市圈的公园系统”中就系统、生态地将海岸、岛屿、河流三角洲以及森林保护地纳入其中。

11.5.2 麦克哈格时代的生态规划

20 世纪 60 年代，由于西方战后的关注点偏重于生产、工业及城市建设，而对乡村和保护自然资源无暇顾及，自然系统的概念和生态学在规划中的地位下降，生态研究与规划关注的问题分离。此后，城市环境不断恶化，资源滥用和环境污染等问题逐渐走进人们的视野。麦克哈格就是在这样的背景下于 1955 年在宾夕法尼亚大学创办景观设计学系，历经十多年的研究探索，总结出一套将生态学原理融入景观规划的规划方法论，并于 1969 年出版了《设计结合自然》，从此成为景观生态规划发展的先锋力量。

“景观设计师所要解决的问题不仅仅是一个物质规划的问题，更是一个关于人与自然相互作用以及人在地球上的存在问题。而人与自然的关系是一种文化的挑战，是文明的一部分。

麦克哈格在宾夕法尼亚大学联合众多著名的环境运动领袖共同开设了一门认识“人—环境”关系的课程，并且得出产生生态环境危机的根源是西方基督教文化的结论。对此，他这样描述道：‘一神教的出现结果必然要对自然进行排斥，耶和华称人是上帝按照自己的形象创造出来的，也是对自己的一个宣战。’”（摘录自《设计结合自然》，麦克哈格著，芮经纬译，1992 年）

他认为景观规划师所要解决的问题不仅是物质规划的问题，更是一个关于人与自然相互作用以及人在地球上的存在问题。在他的眼里，西方人牺牲了自然来换取所谓的傲慢与优越感。反观东方的哲学中将人与自然描述为不可分割的部分，人的生存状态与社会的和谐取决于人对自然过程的尊重和适应，但是这样的“和谐”确实以牺牲人的个性为代价。因此，麦克哈格先生希望可以在中西方对待人与自然的文化中寻找一个合适的平衡点来指导人类进行规划。于是，他将多个环境学科（自然科学，包括气象学、地质学、土壤学、植物生态学、野生动物学、资源经济学、计算机和遥感技术）的科学家召集到一起，再加上社会科学家和经济学家，组织他们为解决所有人与土地的关系（择居、建设、狩猎、美景、地产开发等）问题进行研究，而在方法上用“千层饼”模式将这些知识和成果进行综合及筛选来实现问题的解决，而这个过程正是生态规划的核心。

11.5.3 后麦克哈格时代的景观生态规划

但是麦克哈格规划方法依然存在问题和缺陷。20 世纪 80 年代后，景观生态规划无论是在方法论上还是在技术上都有了突飞猛进的发展，并进入了成熟期。后麦克哈格时代的景观生态规划的方法论和技术在以下三个方面最为突出。

“①思维方式和方法论上的发展，规划方法论上的改进：决策导向和多解规划。

②景观生态学与规划的结合，水平生态过程和景观格局：基于景观生态学的景观规划——景观生态的‘斑块—廊道—基质’模式。

③地理信息技术成为景观规划强有力的支持：从手工地图叠加和‘千层饼’到地理信息系统与空间分析技术。”（摘录自《景观生态规划发展历程——纪念麦克哈格先生逝世两周年》，俞孔坚、李迪华，2010 年）

由此可见，麦克哈格是景观规划学领域重要的开创先驱，其设计结合自然的理念也随着景观规划学的发展而不断深入，作为一种方法论，对后世的学者有着重要深远的影响。

11.6 著作影响

《设计结合自然》是同类作品中的第一部“定义现代发展问题并提出方法或制定兼容解决方案的流程”的工具书。该著作还影响了各种领域和思想。弗雷德里克·R. 施泰纳[1]（Frederick R Fritz Steiner）对此评价道：“环境影响评估、新社区开发、沿海地区管理、棕地恢复、动物园设计、河流走廊规划以及关于可持续性和再生设计的想法都显示了《设计结合自然》影响”。麦克哈格对景观设计学和物质规划的贡献是开创性的，关于这一点，即使是麦克哈格最严厉的批评者也给予了充分的肯定：“他踏入了一个以前不曾有过实践或记载的领域。”[2] 麦克哈格的创新与奋斗精神来源于他的环境忧患意识，先是对城市环境的忧患，使他把他所从事的景观设计专业定位在拯救城市的神圣职业上，而后是对人类整体生存环境的忧患，这又使他进一步把景观设计学定位在拯救地球和

1 美国生态学家，目前担任宾夕法尼亚大学设计学院院长，专长是生态规划、历史保护、环境设计、绿色建筑和区域规划。

人类的高度上，并将其作为自己的终身责任。正是这种责任感，他在没有出版商资助的情况下，自己设计、销售了第一版的《设计结合自然》。

11.7 难点解释

麦克哈格先后在哈佛大学与宾夕法尼亚大学求学，之后在多年的学术研讨过程里，逐渐找到了分层制图、场地分析与设计辅助的方法（即“千层饼”模型），它也是《设计结合自然》一书中讲述的核心方法论。

11.7.1 从自然中学习的逻辑与平行分析方法

原著的第一部分提出了一种基本的价值观与“从自然中学习”的设计可能性。通过一个沙丘的例子向我们展现出自然界自身的演变与逻辑。“我们应当相信，自然是进化的，自然界的各种要素之间是相互作用的，是具有规律的。”例如，海岸的沙丘与人造的防波堤的对比（图 11-3）。

图 11-3　海岸的沙丘与人造的防波堤对比图

（图片来源：根据本章参考文献 [3] 相关内容改绘）

自然形成的沙丘随着风力的大小塑性，形成波浪形多层级的形状，对海岸的风速进行逐级的衰减；同时，柔性的沙丘形状相比人工的钢筋混凝土堤坝具有更强的抗压及抗震能力；自然植物由于环境的不同被自然筛选，迎波方向植物的根系强劲，紧紧缠绕住沙丘，使得沙丘成为柔性但致密的网络——这些来自自然的智慧，是比人工设计更加优秀的存在。

11.7.2 基于目标的设计逻辑与要素叠加法

原著在第二部分，通过一个公路选线工程的案例，提出了一种重要的设计方法——基于目标的设计评估与要素叠加。即通过制定和选择对项目产生影响的多个要素，区分这些要素相关的好 / 坏的影响，并用半透明纸对每一要素进行统计绘图，相互叠加后，颜色最浅的部分就是最佳选择。例如，一项公共事业建设，一般都会出现很多类型的收益与成本（图 11-4）。

我们需要遵循一个概念：社会效益最大而社会损失最小的方案是最优方案。将影响公路选线的每一个要素，按照适宜性由高到低、图案由深到浅的逻辑，对每一个要素进行草图绘制。例如，在公路选线案例中，提出了以下几个基本原则。

①增加交通活动的机动性和敏捷性，使人感到方便、愉快和安全。

②保护土地、水体、空气和生物资源，并提高资源价值。

③促进城市更新，大城市地区与区域的发展，工业、商业居住、娱乐、公共健康、环境保护与美化等一系列

公共目标和私人目标的实现。

④产生新的生产用地，保护和增强现有的土地利用。

公共事业机构价值	公共事业机构价值
农业用地价值	农业用地价值
不可定价的收益	不可定价的损失
增进便利	降低邻近地区工作与生活的方便程度
提高安全	减少邻近居民的安全程度
增加乐趣	减少邻近居民的乐趣、危害健康，受有毒气体、噪声、眩光和尘埃的污损
可定价的节约	可计价的成本（费用）
地形无限制条件	地形复杂、困难
充足的基础条件	基础条件差
充足的排水系统	排水条件差
可获得沙子、石料等	缺乏建筑材料
要建的桥梁、涵洞和其他构筑物少	要建的构筑物多
不可定价的节约	不可定价的损失
保持的社区价值	损失的社区价值
保持的公共事业机构价值	损失的公共事业机构价值
保持的居住质量价值	损失的居住价值
保持的风景价值	损失的风景价值
保持的历史价值	损失的历史价值
保持的游憩价值	损失的游憩价值
未受损害的地表水系统	损害的地表水系统
未受损害的地下水资源	损害的地下水资源
保持的森林资源	损害的森林资源
保持的野生动物资源	损害的野生动物资源

图 11–4　公共事业建设的多种收益分析框架

（图片来源：根据本章参考文献 [3] 相关内容改绘）

以上这些标准包含了传统的选择路线的标准，但是扩大了它们的社会责任范围。公路不再仅仅考虑在其通行权以内的一些汽车运行问题，而且要考虑它影响地区内自然、生物和社会变化过程中的情况。公路从而应作为一项重大的公共投资来考虑，这些投资对其影响范围内整个人民的经济、生活方式、健康和观感将起作用。在选择公路的线路位置和进行设计时应考虑这些扩大的作用。显然，公路的路线应当作一项多目标的而不是单一目标的设施来考虑。当公路路线按多目标考虑时，可能会出现彼此矛盾的目标，这也是自然的。如同其他多目标的规划一样，我们的目标应是谋求取得大的潜在的综合社会效益，从而使社会损失减少。也就是说，迎合带有成见的几何标准——两点之间距离短的路线不一定是好的。在便宜的土地上，距离短也不一定是好的路线，好的路线应是社会效益大而社会损失小的路线。此后，将这些价值评估的图表垂直叠加在一起，提取其中颜色较浅的部分，就是较为合理的路线（如图 11–5）。

这种研究和设计的方法，也叫作“千层饼”模型，即将很多种选择要素各自独立看待，叠加起来，是一种将调研、分析、设计相互结合的研究和整合数据的方式。

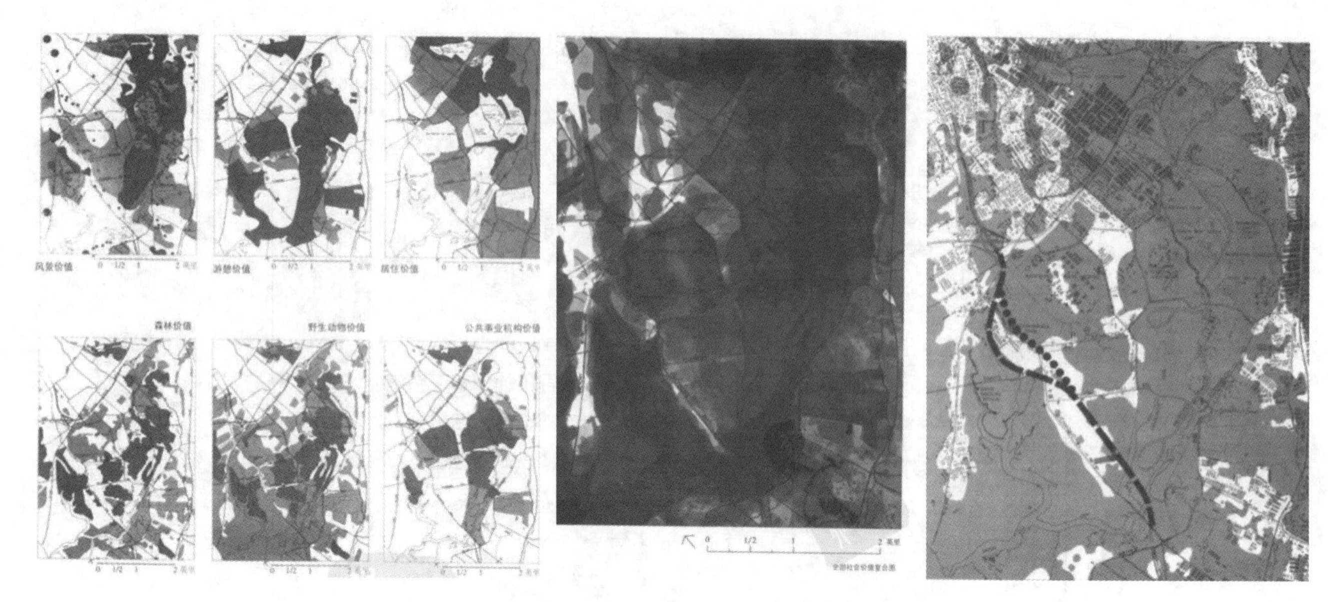

图 11-5　社会价值评估—评估叠加—生成最佳建设路线

（图片来源：根据本章参考文献 [3] 相关内容改绘）

本章参考文献

[1] 俞孔坚，李迪华．景观生态规划发展历程——纪念麦克哈格先生逝世两周年 [EB/OL].（2010-02-02）[2022-01-29].https://www.turenscape.com/paper/detail/162.html.

[2] LITTON R B J，KIEIGER M. A rewiew on design with nature[J].Journal of the American Institute of Planners，1971，37（1）:50-52.

[3] 麦克哈格 . 设计结合自然 [M]. 芮经纬，译 . 北京：中国建筑工业出版社，1992.

第12章

《芝加哥规划》导读

12.1 信息简表

《芝加哥规划》信息如表 12-1 所示，其部分版本的著作封面如图 12-1 所示。

表 12-1 《芝加哥规划》信息简表

Plan of Chicago				
原著作者	[英文名]Daniel Hudson Burnham ，Edward H. Bennett [中译名] 丹尼尔 · H. 伯纳姆，爱德华 · H. 本内特			
译名	[中] 芝加哥规划			
主要版本		译者	出版时间	出版社
美原著	第一版	—	1909 年 10 月	Chronicle Books Llc
	第二版		2010 年 1 月	
	第三版		2010 年 8 月	Nabu Press
	第四版		2012 年 1 月	—
中译著	第一版	王红扬	2017 年 4 月	译林出版社

图 12-1 部分版本的著作封面

（图片来源：编著团队根据出版社封面原图扫描或改绘）

12.2 作者生平

丹尼尔·H. 伯纳姆（1846—1912年），美国著名建筑师、城市规划师，领导了美国早期的城市美化运动，口号是“不做小的规划”，追求宏大而规则的规划，推崇成体系的公园系统和宽阔的街道。芝加哥规划充分体现了其对欧洲古典风格的独特追求。芝加哥规划为其最后一个作品，也是其最著名的作品。芝加哥规划为芝加哥创造了秩序和美感并存的城市框架，为芝加哥的腾飞做了良好的铺垫，为世界城市规划的发展提供了借鉴意义。

爱德华·H. 本内特（1874—1954年），美国著名建筑师、城市规划师，与伯纳姆同是城市美化运动的奠基人，倡导公众参与的规划思想，推崇物质空间规划，认为有秩序的物质空间才能满足人们的活动和心理需求，才能更好地促进城市的发展。在其作品中均明显地体现了尊重基地自然环境的特点，注重水系和草地的空间布局。其因与伯纳姆合作《芝加哥规划》而出名。

12.3 历史背景

19世纪下半叶，在工业革命的推动下，芝加哥迎来了人口的大爆发。人口的爆发也引来了一系列社会问题：住房拥挤、环境变差、基础设施和公共设施难以承受人口压力等。[1]芝加哥的决策者为了解决快速的城镇化和工业发展带来的一系列社会问题和城市发展问题，认为通过新的规划可以给城市带来新的生机。[2]借此机会，芝加哥试图将城市改善和商业目标统一起来，以商业来推动规划的实施，从而创造一个有序、充满活力的城市，在这座城市中，居民和城市融为一体。[3]

与此同时，芝加哥的社会、经济、科技的发展使之成为建筑界和规划界的实验场地，大量的设计在这里落地，比如芝加哥郊区河滨新城、湖滨森林和伯纳姆规划等。以改造工业发展遗留问题和探索城市公共利益为导向的设计开创了美国的城市美化运动，其中伯纳姆规划成为现代城市规划的典范[4]，该规划的实用性和艺术性使之成为规划史上的典范，深深影响着城市规划的发展。在伯纳姆规划的影响下，芝加哥改善了城市问题，中心区充满着活力，城市框架被拉开。伯纳姆规划的建设及其背后的管理机制一直是规划界研究的重点对象，尤其对当今中国的城市规划发展有着很好的借鉴意义。

12.4 内容提要

《芝加哥规划》共八章（图12-2），内容包括对芝加哥规划背景的分析；对以巴比伦、埃及为代表的古代城市规划，以巴黎、德国为代表的中世纪城市规划和以美国城市为代表的现代城市规划的剖析和反思；对芝加哥迅速发展原因的分析和构建芝加哥区域性交通网络的构想；芝加哥的公园系统和公共空间的规划；道路客运、货运交通系统的规划；城市街道空间和系统的打造；中心区建筑群和城市轴线的设计；规划实施的可行性分析、费用和保障措施以及相关结论；最后是作为长期研究芝加哥规划的学者，作者对芝加哥规划的思辨和对中国城市规划走向的思考。其中第四章、第五章、第六章、第七章是规划的核心内容。

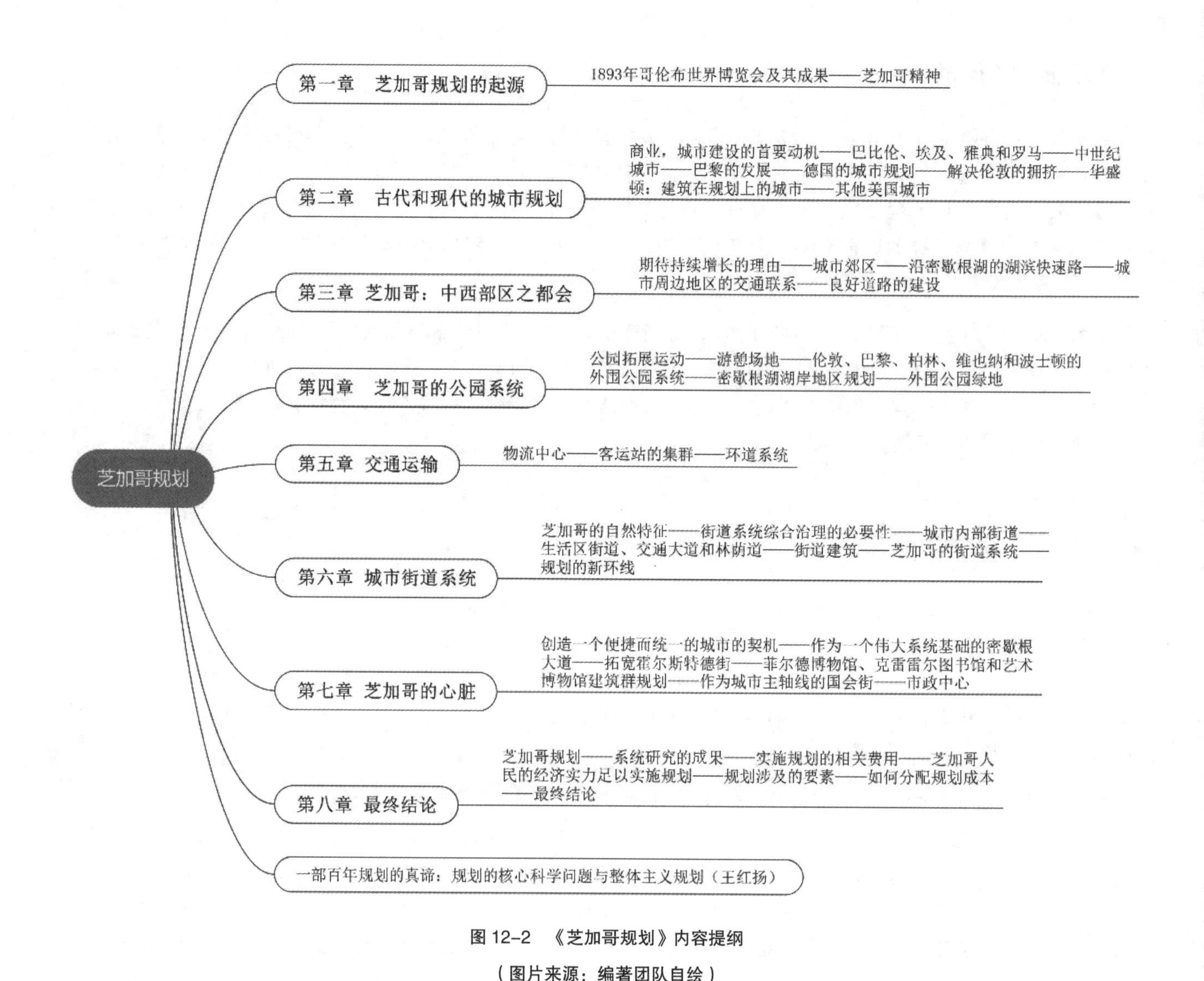

图 12-2　《芝加哥规划》内容提纲

（图片来源：编著团队自绘）

12.4.1　芝加哥规划的公园绿地系统

译著中表明，芝加哥有着得天独厚的自然资源，被誉为“城市中的花园”，三面大草原围绕着密歇根湖，早期芝加哥新建了若干小型公园，并且强调了小型公园依托林荫道布置，这形成了芝加哥园林绿地系统的雏形。芝加哥将现有的园林、绿地、湖泊等在密歇根湖沿岸建成一个完整的大型公园绿地。有三大绿化圈层，均围绕城市建成区的外围分布，三大圈层近似同心弧，绿化圈层的建设尺度由内向外逐渐变大，且绿化圈层通过园林大道将芝加哥散布的小型公园串联起来，并且延伸至密歇根湖，与湖滨绿地成为一个完整的绿地系统（图 12-2）。关于这些特征原文中的描述如下：

“公园和景观道路（绿色）环绕城市，布局注重与放射干道协调，并随着与城市中心距离的加大而相应增加面积。同时可见铁路（红色）、芝加哥河及卡吕梅河口的规划港口以及外围城镇的布局。不断加深的颜色（橙色）表示从城市中心向外地平面逐步抬升。”（摘录自《芝加哥规划》，丹尼尔·H. 伯纳姆、爱德华·H. 本内特著，王红扬译，2017 年）

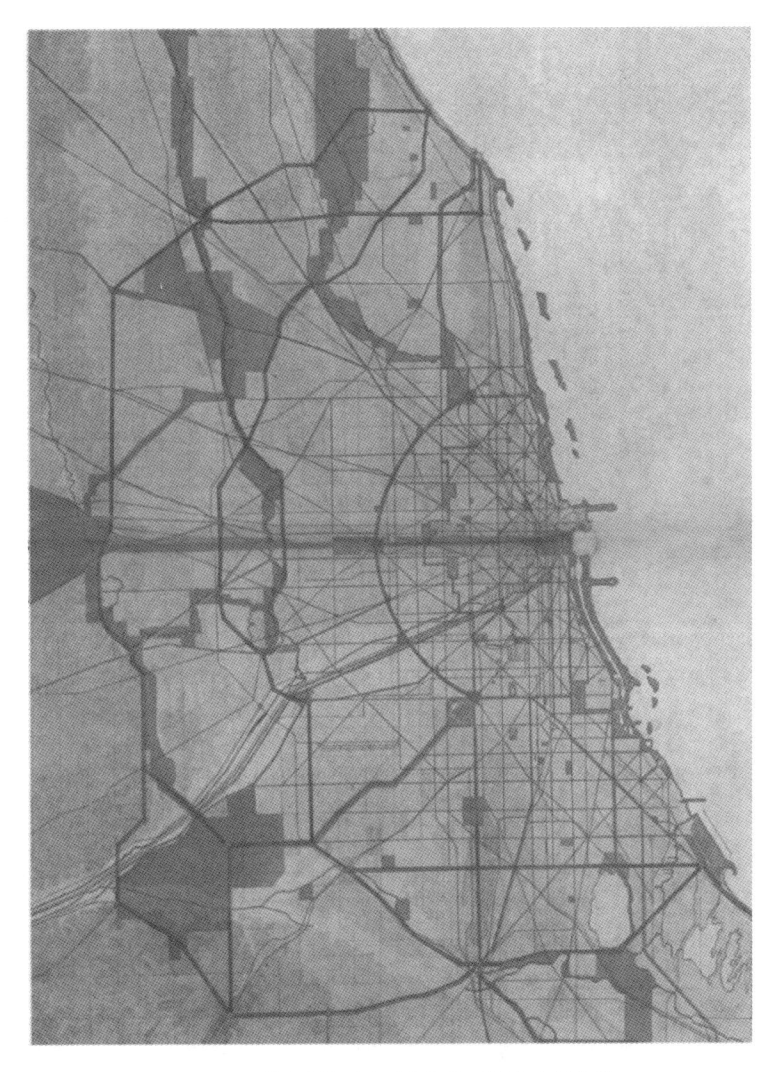

图 12-2 芝加哥湖泊和公园绿地系统的空间格局
（图片来源：根据本章参考文献 [1] 相关内容扫描、改绘）

芝加哥湖滨绿地的建设解决了市政废料堆放的问题，利用这些废料填湖创造了滨湖绿地和防波堤的建设用地。为了能够使人们充分接触密歇根湖，芝加哥在湖滨绿地的东边规划一条园林大道，使得人们在欣赏湖泊的同时也可以欣赏宽阔的绿地。以城市中轴线为中心线的规划向湖中对称地伸入了两处狭长的亲水广场，进一步增加了设计的亲水性，同时也为城市的公共活动提供了绝佳场地。

12.4.2 芝加哥规划的交通运输系统

芝加哥的经济在全国有着重要的地位，商品贸易十分繁荣，而货物的主要运输途径是通过铁路运输，比例高达 90%。在如此依赖铁路系统的情况下，背后却是多家铁路公司独立经营，自成体系的混乱局面。伯纳姆为提高铁路系统的效率，规划进行整合，形成统一管理、协调配合的铁路高效运作系统（图 12-3）。同时为了疏解城市中心区的交通压力，将货物运输迁至城市外围，并且在铁路沿线配备货物的终端站，从而大幅减少城区交通和货运交通的互相干扰。

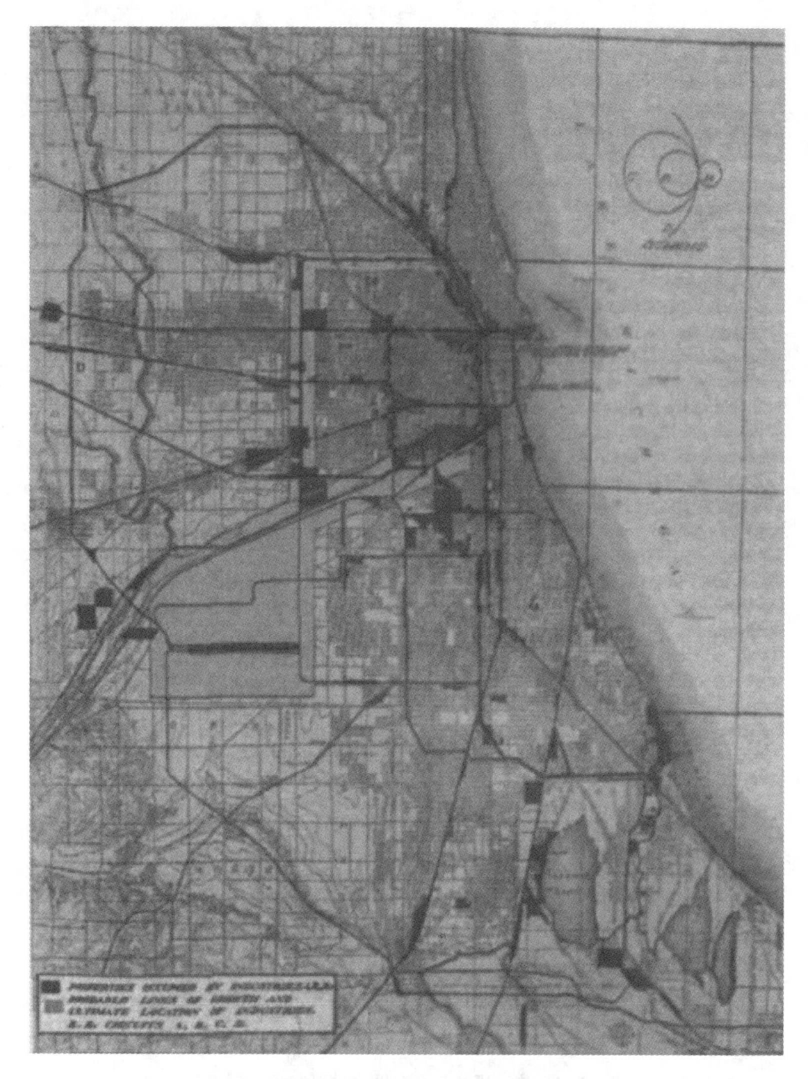

图 12-3　芝加哥铁路货运系统规划示意

（图片来源：根据本章参考文献 [1] 相关内容扫描、改绘）

伯纳姆为进一步提高芝加哥交通系统的高效性，提出铁路、快速客运交通、有轨电车和水运的综合交通体系，各交通方式实现无缝衔接。在货物运输系统方面，可在入湖口建立货物装卸中心，将货物卸载下来后，再通过综合交通体系运往城市各地。而在客运系统方面，中心城区的各地均可以通过地下交通到达铁路站。

12.4.3　芝加哥规划的城市街道系统

译著中，伯纳姆对现状的道路进行了梳理整治，包括对主干道进行一系列拓宽和改造处理，延长计划作为城市中轴线的国会大道，增加一大型弧状的林荫大道连接规划提出的第二绿化圈层，并且包围住中心区，将芝加哥的南北片区连接起来。为了有效提高交通效率，避免交通拥堵，规划提出在方格网道路的基础上，增加大量对角线道路的建设，以此来适应人口增长对城市交通的影响（图 12-4）。

关于这些特征原文中的描述如下：

“如果要对城市街道重新进行规划，其整体结构仍然会得以保留，因为当前的方格路网系统最好地协调了大自然固有的湖滨岸线形态。方格路网的形式既与人类内心固有的“规矩”概念相呼应，对土地的浪费也是最小的，并且还贴合芝加哥河的大部分走向。只是如果城市人口增长，为了有效节省时间、避免交通拥堵，就有必要修建对角线道路来实现交通分流。因此我们可以说，没有对角线道路的方格路网城市是不完美的；反过来说，只有在方格路网的基础上，对角线道路的建设才能带来最大的便捷。”（摘录自《芝加哥规划》，丹尼尔·H. 伯纳姆、爱德华·H. 本内特著，王红扬译，2017 年）

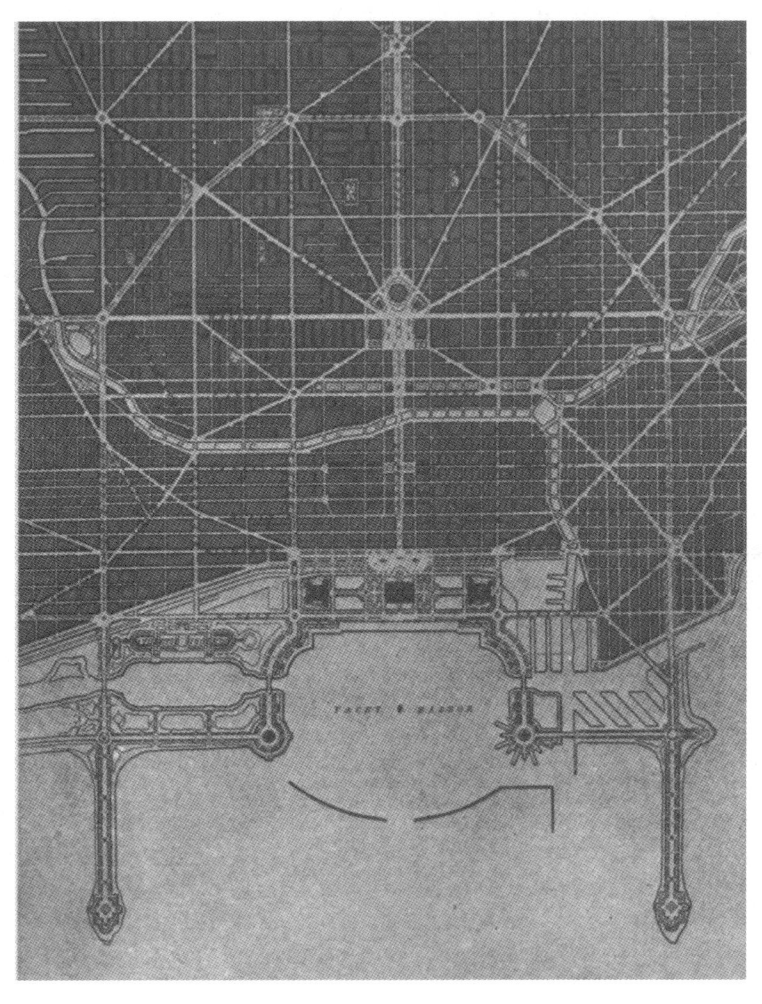

图 12-4　芝加哥中心区的城市街道系统规划示意

（图片来源：根据本章参考文献 [1] 相关内容扫描、改绘）

与此同时，芝加哥对滨河大道采用双层高差处理，上层接入城市街道路网，下层为近水区，作为货物装卸场地，以此进一步缓解城市交通的拥堵。

12.4.4　芝加哥规划的市政厅和轴线设计

芝加哥规划的中央商务区是芝加哥的“心脏”，面积约为 4 平方千米，四至边界为：西起霍尔斯特德街，北临芝加哥河，东至密歇根大街，南抵 12 街。边界将随城市的发展进一步扩大，成为南北长 4.8 千米，东西宽 6.4 千米，面积约 30 平方千米的区域。商务区是城市各项功能设施的集中区，包含银行、办公楼、剧院等设施。当下由于商务区人车混杂，数十万人和车交会于商务区，导致城市商务区不能很好地运转和进一步发展。为了解决这一问题，规划认为密歇根大街是关键。大街具有生活性和交通性两种功能，一方面，大街西侧的商店和音乐厅及东侧的公园等提供了生活功能；另一方面，作为道路本身，又具有交通性。规划将密歇根大街设置为集步行、观光、过境三类不同功能于一体的交通道路，并且对其进行拓宽和延伸。在连接芝加哥河两岸时，该大街的界面会进行向上抬升处理，以不干扰其下方的交通（图 12-5~ 图 12-7）。关于这些特征原文中的描述如下：

图 12-5 规划密歇根大街透视图

（图片来源：根据本章参考文献 [1] 相关内容扫描、改绘）

“该林荫道会向上抬升，以让东西向交通可以在它下面自由通行，密歇根大道和博比恩巷也都抬升到了这一高度，整个抬升路段位于兰道夫街到印第安纳街两端建筑红线之间。从相交街道进入这个抬升路段可以经由坡道，不过东侧可以考虑不同的方法，甚至不用考虑互通。

规划提议的双层道路设计可以用来容纳会被吸引到湖滨的大量车流。道路的西侧部分照顾的是前来购物的车流，并被作为公共建筑群的停车区，东侧部分要使车流不受停放车辆的干扰，快速通过商业中心地段。规划的林荫道在芝加哥河南北两岸的三条街道上方高架，从而创建一条免于大规模货运，衔接南北区的干道。双层桥让南北交通中的大型货运交通在下方通过，轻型交通从上方通过。”（摘录自《芝加哥规划》，丹尼尔·H. 伯纳姆、爱德华·H. 本内特著，王红扬译，2017 年）

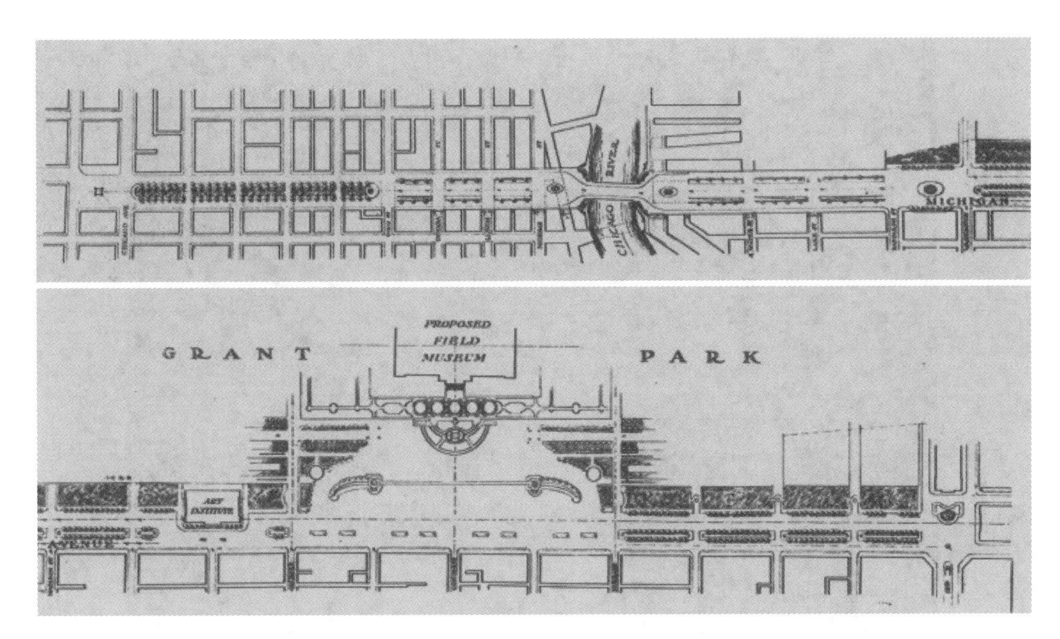

图 12-6　芝加哥密歇根大道规划平面图
（图片来源：根据本章参考文献 [1] 相关内容扫描、改绘）

图 12-7　芝加哥密歇根大道上方修建的林荫道
（图片来源：根据本章参考文献 [1] 相关内容扫描、改绘）

芝加哥规划中的贯穿东西、长达 12 千米的国会大道景观轴线最能体现伯纳姆宏大的设计特点。巴洛克式的建筑群在景观轴线的正中间，该建筑群围绕着市政厅而建。以市政厅为中心，新增了六条对角线轴线（图 12-8）。

图 12-8　规划市政厅及周边建筑群

（图片来源：根据本章参考文献 [1] 相关内容扫描、改绘）

伯纳姆在国会街与霍尔斯特德街的交汇地带，尝试了公共管理建筑群在城市人口中心区附近有序协调布局的可能性，规划的中心建筑不仅是为了统摄它面前的区域，也是为了让人们从远处就能认出城市中心，在某种意义上，它是整座城市的精神纪念碑。[5]

12.5　学术思想

12.5.1　公众参与的科学理论

该规划是早期的公众参与性规划，在制定规划之初，就号召公众积极参与。为体现规划的公众性，规划将以滨湖地区为代表的城市公共空间作为市民的公共利益进行保护，使得公众大力支持规划，也对城市规划有着越来越强烈的参与欲望。公共权力的合法性是公众赋予的，规划的合理性也需要公众来参与，该规划为 20 世纪六七十年代盛行的公众参与规划奠定了基础。

12.5.2　尊重自然环境的空间理论

芝加哥规划的最大特点是尊重现状湖泊等自然条件，且进一步贯彻环保的理念，通过建造大量的小型公园、环形绿化带和滨湖公园等，改善了工业时代留下的破败景象，打造了点线面结合的公园绿地系统，具有超前的环保意识。这对我国的规划有很好的警示作用，我国的规划环境评估滞后于规划，跟当前倡导的可持续发展战略不相符，芝加哥规划为我国规划的可持续性提供了反思的可能。

12.5.3 开启了现代化物质空间的时代

规划通过创建宏伟的城市中央商务区，高效便捷的综合交通体系，高品质的开放空间体系，博物馆、艺术馆等富含人文情怀的公共设施等一系列物质空间要素，将芝加哥打造成有序运转、繁荣稳健、积极多元的城市，为今后的城市规划开启了物质空间规划时代。[6]

12.5.4 保证规划实施的管理理论

规划的成功需要规划师的深谋远虑和政府、公众的大力支持。其中规划实施管理是极其重要的，芝加哥规划的落定是依靠芝加哥政府后续出台的法律法规来保障规划的实施。为了向公众宣传该规划，负责实施规划的商业俱乐部组织了一场大规模的公关活动，分以下三步进行。

①获得该市对该规划的正式批准，作为该市正式的城市规划文件。

②成立一个组织，积极推动地方政治领导人将计划付诸实施。

③说服整个社区支持该计划。

第一步很快就完成了，芝加哥市长批准了该规划，并在市议会的批准下，成立了一个由民选官员和公民组成的委员会，即芝加哥计划委员会，以监督该计划的实施。规划管理部门对规划进行监控，协调了个人利益、集体利益和公共利益的关系，是规划中不可或缺的组成部分。

12.6 著作影响

这部出版于1909年的里程碑式作品，掀起了城市设计的革命，是美国现代城市规划的起源。规划中宏大的城市框架，充满活力的中央商务区，高效便捷的交通和面向公众的景观系统，引领了城市美化运动，为规划理念和规划价值找到了新方向。正因为伯纳姆规划是以芝加哥的商业发展为导向，蕴含着城市经济发展规律、效益原则的科学性，使得规划得以成功。具体表现在：交通系统和各功能区的设置都是以经济、高效为导向，在方便城市居民的同时，更多的是有利于商业和制造业的周转和运行；规划通过城市美化运动，改善了人口大爆发带来的居住环境变差的问题，公众可以以更好的状态投入工作，为城市商业和制造业的发展带来新的生机。

总体来说，伯纳姆规划确立了芝加哥尤其是其湖滨地区的基本发展格局，甚至影响了芝加哥今后近百年的城市格局。作为城市美化运动的开创者，伯纳姆规划引领了现代城市规划的新思潮和新风向。

12.7 争议点及研究的时代局限

该规划被誉为美国现代城市规划的起点，在规划史上具有很高的地位。尽管如此，作为早期规划，伯纳姆规划在规划理念和规划方法上，依旧有诸多不足，随着人们对他的研究加深，批评和争议也越来越多，主要集中于以下三点。

12.7.1 欧洲古典主义风格不适用于美国

伯纳姆在其项目作品中，大力表现了罗马古典主义和文艺复兴的风格，这起源于其本人对欧洲古典城市的向往。而欧洲古典主义却在当时建筑界颇具争议，以路易斯·沙利文为代表人物的建筑界认为欧洲古典主义建筑是倒退的，与现代城市规划不相符。伯纳姆“不做小的规划”，规划尽管造型上宏大、规则，但忽视了人的空间尺度设计；同时忽视了人、社会、经济、生态等城市的内涵，过于关注物质空间规划，没有延续芝加哥的历史文脉，不能让芝加哥人找到芝加哥曾经的影子。

与美国国情和美国历史不匹配的欧洲古典主义风格，使得以巴洛克式市政厅为代表的规划未能成功。

12.7.2 精英主义的规划缺少对人文的关怀

规划应引导城市有序发展，在塑造城市物质空间的同时，协调好多方利益之间的关系，从而促进经济、社会、文化、环境的有序发展。而伯纳姆规划的委托方是芝加哥商业俱乐部，且伯纳姆一再强调“芝加哥是一个商业城市”，其最终目的是更好地为城市商业提供服务，这就导致了规划是“精英主义、自上而下、大项目大干预规划的样本”，导致了芝加哥是为商业王子准备的贵族化城市。尽管公众参与了规划，但未被很好地纳入考虑，Herbert Croly 在《建筑记录》（*Architectural Record*）一书中指出，规划强调的规整与中心区房地产开发追求高容积率的现实是不相协调的。在《历史中的城市》（*The City in History*，1961）一书中，芒福德认为该规划仅关注提高土地价值，对邻里关系和居民的住房问题关心较少，对医疗、教育等社会设施的关注远远不够，使城市缺少人文关怀，对将工商业组织成城市秩序中的必要成分缺少充分的理念。

社会问题不是伯纳姆规划关注的重点。19 世纪 90 年代后期，伯纳姆承认公园等城市公共空间是为解决贫民窟的问题，而面对长期生活在贫民窟的人们正在逐渐丧失关爱自己的能力，社会正义会要求推动住房事业来避免这种局面发生的这类问题，伯纳姆却没有过多的回应。

12.7.3 规划与美国保护个人财产安全的法律相悖

为了实现伯纳姆个人宏伟的规划作品、芝加哥政府的政绩以及商业的利益，规划中无缝衔接的高效综合交通、公共设施的建造和完善的开放空间体系等建设成本分摊到了每个芝加哥人的身上，以牺牲一代人的财产换取城市的公共福利和长期稳定，这与美国保护个人财产安全的法律相悖。

本章参考文献

[1] 伯纳姆，本内特 . 芝加哥规划 [M]. 王红扬，译 . 南京：译林出版社，2017.

[2] BACHIN F R. Building the south side:Urban space and civic culture in Chicago, 1890—1919[M]. Chicago : University of Chicago Press, 2020.

[3] CHENG M S, CHAMBLISS J C. The 1909 plan of Chicago as representative anecdote: constituting new citizens for the commercial American city[J]. Rhetoric Review, 2016, 35(2):91-107.

[4] 伯纳姆，本内特，王红扬 . 芝加哥规划 [J]. 当代外国文学，2017，38(2):135.

[5] 吴之凌，吕维娟 . 解读 1909 年《芝加哥规划》[J]. 国际城市规划，2008(5):107-114.

[6] 王逸凡 . 走向“共识”的区域协调策略：芝加哥区域规划经验 [C]// 中国城市规划学会 . 城乡治理与规划改革——2014 中国城市规划年会论文集（13 区域规划与城市经济）. 北京：中国建筑工业出版社，2014.

第13章

《城市的胜利》导读

13.1 信息简表

《城市的胜利》信息如表 13-1 所示，其部分版本的著作封面如图 13-1 所示。

表 13-1 《城市的胜利》信息简表

<table>
<tr><td colspan="5">Triumph of the City</td></tr>
<tr><td>原著作者</td><td colspan="4">[英文名] Edward Glaeser
[中译名] 爱德华・格莱泽</td></tr>
<tr><td>译名</td><td colspan="4">[中] 城市的胜利</td></tr>
<tr><td colspan="2">主要版本</td><td>译者</td><td>出版时间</td><td>出版社</td></tr>
<tr><td rowspan="2">美原著</td><td>第一版</td><td>—</td><td>2011 年</td><td>Tantor Media</td></tr>
<tr><td>第二版</td><td>—</td><td>2011 年</td><td>Macmillan</td></tr>
<tr><td>中译著</td><td>第一版</td><td>刘润泉</td><td>2012 年</td><td>上海社会科学院出版社</td></tr>
</table>

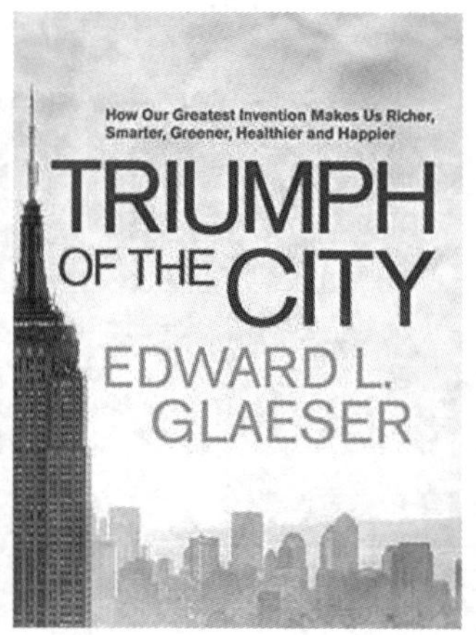

图 13-1 部分版本的著作封面

（图片来源：编著团队根据出版社封面原图扫描或改绘）

13.2 作者生平

爱德华・格莱泽（Edward Glaeser），哈佛大学经济学教授，曼哈顿研究中心高级研究员，当代最顶尖的经济学家之一，被诺贝尔经济学奖得主乔治・阿克尔洛夫誉为天才。

其学术研究涉猎广泛，擅长从经济学角度去研究各种社会问题，比如城市、住宅、种族隔离、肥胖、犯罪等，城市问题也是他热衷的课题之一。

《城市的胜利》[1] 中文版出版于 2012 年，由上海社会科学院出版社出版，曾获得 2011 年《金融时报》最佳商业图书提名，出版 21 个月，长居亚马逊畅销书排行榜“城市规划与发展类图书”第一。

13.3 历史背景

诺贝尔经济学奖获得者斯蒂格利茨教授曾预言："21 世纪影响世界经济的有两件事，一是美国的新技术革命，二是中国的城镇化。"[2] 中国正处于快速城镇化过程中，城镇化在给我们带来全面繁荣的同时，也带来了众多"城市病"。在《城市的胜利》一书中，作者细致深入地分析了城市存在的问题，并且对于城市中发现的贫民窟、摩天大楼、消费城市等城市议题提出深切的讨论与评析。最终作者在书中得出结论：

"城市是人类最伟大的发明与最美好的希望，城市的未来将决定人类的未来！"（摘录自《城市的胜利》，爱德华·格莱泽著，刘润泉译，2012 年）

自从雅典的广场作为城市辩论场所开始，城市已经成为创新的发动机，作为分布在全球各地的人口密集区域城市，其带来的动力源源不断。全球各大城市的高度繁荣得益于它们产生新思想的能力。在西方较为富裕的国家，城市已经度过了工业化时代喧嚣嘈杂的末期，现在变得更加富裕、健康和迷人。尽管技术方面的突破已经导致了距离的消失，但事实证明这个世界并不是平坦的，它经过了铺装。事实上，对于许多美国人来说，伴随着工业化时代的结束，20 世纪后半期带给他们的并不是城市的辉煌显赫，而是城市的污秽肮脏。正如作者在原文中所述：

"我们如何更好地吸取城市带给我们的教训将决定我们的城市人群能否在一个可以称之为新的城市黄金时代里实现繁荣发展。"（摘录自《城市的胜利》，爱德华·格莱泽著，刘润泉译，2012 年）

2020 年，在爱德华先生眼中因"接近性、人口密度和亲近性"而繁荣的城市，却因同样的原因面临发展危机：一方面，突如其来的疫情之下，高密度城市变成病毒蔓延的"温床"；另一方面，以 5G 为代表的新通信技术则预示了一个更加分散的世界——人与人的连接可能不再需要靠地理空间完成，而是靠"大智云物"等新技术所构建的虚拟世界完成[3]。最终，作者得出一个结论：

"城市是诞生奇迹之所，是人类最伟大的发明与最美好的希望，是最健康、最绿色、最富裕、最宜居的地方。"（摘录自《城市的胜利》，爱德华·格莱泽著，刘润泉译，2012 年）

13.4 内容提要

该著作中，爱德华先生以相对精简的篇幅，从经济学家的角度解答了城市的崛起、发展、变化，甚至衰落和复兴的方方面面（图 13-2）。从全球视角来看，城市发展的每一个阶段都能够找到一个现存的样本作为研究的城市，城市发展的历程都能找到鲜活的案例。书中内容看似缺少定量的城市研究，缺少对于城市样本的数据解读，但是从社会学、经济学角度来看，该著作是城市发展过程中知识普及的最佳读本。

13.4.1 城市创造了接近性，接近性进化了城市

在城市的不断发展中，某些特定单一产业发达的地方为城市的发展壮大提供了相对清晰的分析视角，比如美国的硅谷、中国的北京和印度的班加罗尔。这三个城市（群）在科技行业所处的发展阶段各有不同，但是都有一个共同的特点就是科技产业的聚集和兴盛[4]。

一般来说，随着所传递信息的增多，其中夹杂的错误也会增多。城市的接近性则为跨文化交流提供了方便，因为它减少了传播的复杂性带来的危害。对于减少传播复杂性的危害来说，城市以及他们所带来的面对面的交流是非常有益的工具。

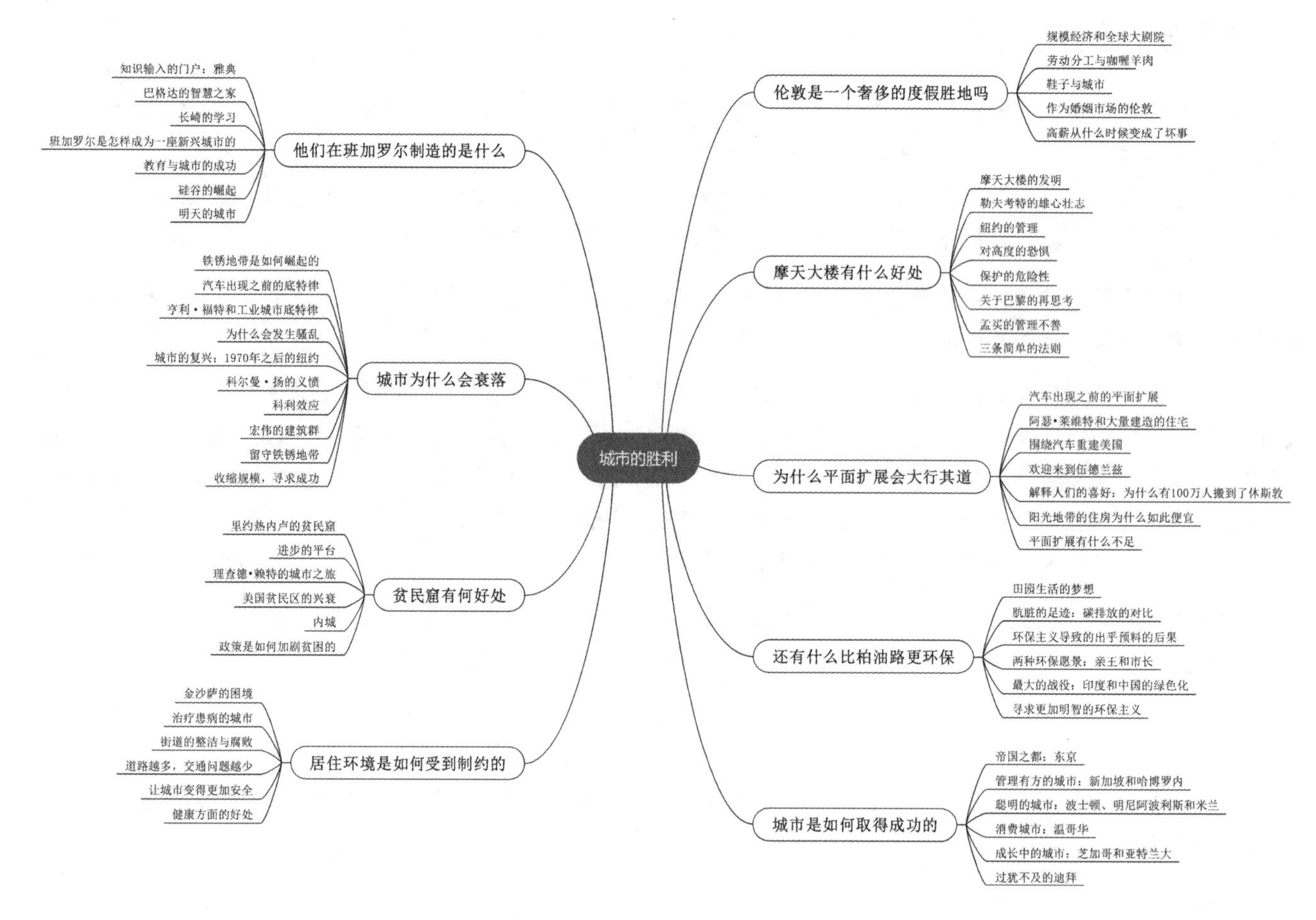

图 13-2 《城市的胜利》内容提纲

（图片来源：编著团队自绘）

正是城市的接近性使得交流的效率大幅提升，从而吸引了更多参与交流的人，并逐渐形成规模。在科技领域，正是这些城市的接近性提高了沟通和交流的效率，而且信息技术的进步会导致更多面对面交流的需求，所以更多的人会选择在这些城市留下来。

三个科技城市（群）都有一个共同的特点，就是在当地都有一流的工程院校，比如说：硅谷的斯坦福大学、北京的清华大学、班加罗尔的班加罗尔大学。这些院校每年源源不断地培养出高素质、高技能水平的工科毕业生，这些毕业生不但为潜在的雇主提供了极佳的候选雇佣人群，其中一部分人也通过创业的方式推动了行业的发展。逐渐吸引到更多的人在相同的地方从事相同的行业，在这个从人到产业再到更多人的螺旋式发展中，雇员和雇主的选择都更多，地区产业也就更为兴盛。

科技城市的发展同样揭示出城市依赖的最重要的因素：人力资本、交流和竞争。城市的财富创造需要非常多的高知识水平的人才。书中这样写：

“平均来看，印度的城市人口每增长 10%，人均产值就会增长 30%。城市人口占多数的国家的人均收入比农村人口占多数的国家几乎高出 4 倍。”（摘录自《城市的胜利》，爱德华·格莱泽著，刘润泉译，2012 年））

正是上述城市在科技领域的人力资本不断积累，带来了源源不断的交流与竞争，在这些交流与竞争中不断产生创新，从而推动了科技行业的发展。而这个循环的形成，本质上是由城市的接近性带来的，而且由于这种接近性，城市逐渐形成了某些领域的快速发展，甚至逐渐成了城市的支柱产业，从而把城市带向了一个新的发展阶段。

13.4.2 基础设施的建设带来了繁荣，也带来了贫困

正是因为城市的接近性提供的高效沟通和交流，城市的人口规模不断扩大，从而带来更多的消耗[5]。当城市人口规模逐渐超出城市承载能力的时候，基础设施建设的问题就逐渐显现出来了。

19世纪，现代城市的基础设施问题逐渐引起了相关部门的重视，对于居民的健康问题尤为关键。18世纪末在美国爆发的黄热病和19世纪中期在英国爆发的霍乱，使纽约和伦敦这样的大城市吃尽了苦头。在人们逐渐认识到清洁的饮用水和城市人口死亡率之间的关系以后，一套完善的供水系统成了很多城市在发展初期对抗疾病和死亡的最佳手段。供水系统的完善带来的死亡率降低效果非常显著。其他城市也是类似的情况。除了通过供应清洁的饮用水以外，医学知识的传播、环境卫生的改善以及医疗水平的提高都不同程度地提高了城市人口的健康程度，城市人口的死亡率不断降低，人均寿命不断延长。当城市发展到能够应对险恶自然环境的时候，人与人之间的问题也就成了基础设施的焦点，例如人口聚集带来的交通拥堵和犯罪行为。

交通堵塞也是基础设施带来的问题之一，道路带来了通行效率的提升，也带来了更多车辆的使用，随着新建公路的增加，汽车的行驶里程基本会出现一对一的增长。

同样，犯罪率一直牢牢地与城市的规模联系在一起，因为城市地区是潜在的受害者高度集中的地方。为了应对交通和安全的潜在问题，各座城市在交通建设和打击犯罪上也投入了巨大的精力，相关行政手段和经济手段也运用于城市治理过程中，社区的高科技化和社区发展的规模化也为城市安全提供保障。

基础设施的日趋完善体现了城市在不断发展过程中一直在面临和解决着各种基本问题，而类似于由城市带来的问题在城市中逐渐得到解决的现象，也被归纳为自我保护性的城市创新，即城市总能获取到解决其自身面临的问题所需要的信息。由于城市是由个体构成的，足够多的个体总是能碰撞产生出新的想法，从而解决问题。

13.4.3 城市的选择，一望无际或是高耸入云

当人们自发性开始聚集时候，城市的雏形开始显现。城市的今天并不是一蹴而就的，而是由无数个昨天不断发展和扩张逐渐形成的。当城市的面积面临扩张的时候，发展的方向就成了很有意思的话题。正如作者在书中所写：

“城市通常需要向高空或四周拓展空间；当一座城市不进行建设的时候，人们就无法体验到城市接近性的魅力。”（摘录自《城市的胜利》，爱德华·格莱泽著，刘润泉译，2012年）

垂直化和扁平化成为城市的两大扩展方向，为了容纳更多的人口，要么建造更高的楼房，要么建设周边的郊区，而这两个方向，都是在技术取得一定突破的时候，才逐渐发展起来。

在之前的时代，限制建筑高度的两个主要因素分别是：成本高、建筑技术达不到。技术问题解决之后，摩天大楼的高度一直在不断被刷新，摩天大楼的存在一方面确实为在有限占地面积下容纳大量人群提供了可能，另一方面也因为巨大的身形成为各座城市的地标。

如果技术和建造水平的革新为城市的垂直发展提供了空间，那么汽车的普及和公路网络的建设为城市的扁平化发展铺平了道路。

这里不得不提到新型交通工具的三个发展阶段。第一阶段，技术方面的突破为新交通工具的大规模生产提供了可能；第二阶段，与新型交通工具相适应的交通网络得到发展；第三阶段，居民和企业改变他们的地理位置，以便利用这些新的交通方式。汽车的出现使得同样一个小时通勤时间能到达的里程大幅增加，长途通勤变成了可能，往返于城市中心和边缘的公交车线路推动了郊区模式的出现。而第二次世界大战的结束从某种意义上加速了美国郊区化和扁平化的发展速度。同样，美国洲际公路的大面积开发也为城市的扁平化发展带来了发展奇迹，大

量的城市快速路搭配越来越多的汽车给城市内联系提供了越来越多的便利性。美国大规模的生产运动与金融业贷款体系的不断发展，也为城市带来了一次次的建设推动，消费水平的提高带来了城市发展的进步。

13.4.4 从生产到消费，城市的演绎之路

当温饱不再是问题的时候，更多的人会将生活质量而非生存本身作为衡量定居地点的重要标准。其实很难讲清楚到底是城市发展带来了消费的普遍繁荣，还是消费繁荣促进了消费城市的发展，但是两者显然是密不可分的。正如原文所说：

“19 世纪的城市往往是工厂享有生产优势的地方，与此不同的是，21 世纪的城市通常更有可能是工人享有消费优势的地方。”（摘录自《城市的胜利》，爱德华·格莱泽著，刘润泉译，2012 年）

如果从城市的视角观察城市居民的休闲消费趋势，规模性和多样性是两个最有代表性的城市特质。规模性最简单的理解是人口的高度聚集，当潜在消费群体足够大的时候，高昂的固定成本通过吸引能够消费的人群实现分摊。

这种规模性不但体现在消费人群上，也体现在生产人群上，伦敦这样的城市由于深厚的戏剧观众基础而带来了剧院的出现。城市对于生产人群的影响还导致了劳动分工和专业化，餐厅就是一个很好的例子，在城市出现餐厅之前，每个家庭都得自己会做饭，每个人都是自家的厨师。当城市的密集人口提供了足够多的潜在食客时，职业厨师逐渐出现在城市当中。

多样性是建立在规模性之上的另外一种城市特质，正是由于高度聚集，人们面临的选择也会更丰富多样，无论这个选择是买一双什么样的鞋子还是交一个什么样的朋友。城市的社会异质性和社会互动性解释了在线上商店迅速增加的同时，大城市里面的奢侈品店不仅变得越来越多，而且门口排队的人群从未减少的原因。

多样性不仅推动着时尚的进步，也带来了社交的繁荣，在城市中正是庞大的人口基础，才为城市发展带来了真正的繁荣，才能让我们在茫茫人海之中找到属于自己志同道合的人。

13.4.5 城市的兴盛和衰败，离不开人的影响

城市的核心，是生活在城市里的人。正是因为人的聚集，城市才逐渐形成；也是因为人之间的交流和创新，城市逐渐发展兴盛；同样是也因为人的行为，城市走向衰败。

城市中的衰败从人口的衰败开始，从底特律的案例就可以看出，昔日的汽车之都因为人口的不断流失和高端技术的不断外移，城市开始变得衰败，对于城市建设的需求也逐渐降低。在流水线上辛勤工作的工人们撑起了底特律在工业时代的极度繁荣，但也是同样一批人成为底特律从兴盛走向衰败的最后一根稻草。

当运输成本逐渐降低，港口城市作为交通枢纽的优势逐渐丧失的时候，底特律的企业家们逐渐将工厂设立到成本更低的地方。但是本质上人口的劳动力水平没有增加，只是劳动效率增加。大量汽车工厂的工人从事的并非更高技能的工作，而更像流水线上的齿轮。

传统工业城市中工会运动的发展壮大为矛盾的激化埋下了隐患。一方面是强势的工会和不断要求上涨的工资待遇，另一方面是低廉的运输成本和人力成本，对于企业家们来讲，这并不是一个很难选择的问题。最终就业的减少和工资的下降逐渐引发了社会问题。

13.5 学术思想

13.5.1 集聚效应下的创新驱动

该书首先提出城市是人类“最伟大的发明”，作者从三个方面论述了城市带来的集聚效应。第一，城市是人员和公司之间物理距离的消失。它们代表了接近性、人口密度和亲近性。它们使得我们能够在一起工作和娱乐，它们的成功取决于实地交流的需要。第二，城市带来高额的收入，在大城市中居住和工作的人收入水平相对更高。第三，城市为高知识人才提供发展潜力与发展前景，在发展中国家，城市是不同的市场和文化之间的门户。

并且作者提出，城市中的产物屡见不鲜。多个世纪以来，创新总是来自集中的城市街道两侧的人际交流。在布鲁内莱斯基解决了线性透视法的几何问题之后，佛罗伦萨文艺复兴时期的艺术天才开始爆发。佛罗伦萨的艺术创新是城市聚居带来的十分宝贵的副产品，这座城市的财富来自更为平凡的追求：金融业和服装业。今天的班加罗尔、纽约和伦敦所依赖的完全是它们的创新能力。工程师、设计师和交易商之间的知识传播与绘画大师之间的理念传承是相通的，城市的人口密度长期以来一直是这一进程的核心。

13.5.2 贫民窟中的发展希望

城市里的贫民窟、城中村通常与拥挤、肮脏、阴暗等一些负面词语关联，但作者在著作中提出贫民窟是一座城市活力的表现，城市利用其会提高贫困人口的生活水平吸引来了他们，从而形成了贫民窟。刚刚进入大城市的人口的贫困率高于常住人口的贫困率，这表明城市居民的财富可能会随着时间的推移而大幅度地增加。

城市里的贫民窟往往被当作跨入中产阶级的跳板。“尽管城市里的贫困现象非常可怕，但它可能为贫困人口和整个国家提供了一条走向繁荣的道路”。评价一个地区的依据不应该是它存在的贫困现象，而应该是“它在帮助比较贫困的人口提升自己的社会和经济地位方面所作出的成绩”。作者对于城市是否成功有如下判断：

“在较为贫穷的国家或地区，城市正在急剧地扩张，因为城市的人口密度为人们从贫困走向繁荣提供了最为便捷的途径。”（摘录自《城市的胜利》，爱德华·格莱泽著，刘润泉译，2012 年）

13.5.3 城市化造就生态发展

作者在书中阐明相比于乡村，高密度的城市能源利用效率更高，更为绿色。居住在一片森林里看起来似乎是一种很好的证明某人非常喜欢大自然的方式，但居住在水泥丛林里实际上是更有利于生态环境的。

“我们人类是一个毁灭性的物种，甚至在我们并未试图那样做的时候，就像梭罗一样。我们燃烧森林和石油，不可避免地损害了周围的环境，如果你真的热爱大自然，请远离它。”（摘录自《城市的胜利》，爱德华·格莱泽著，刘润泉译，2012 年）

城市发展与郊区化密不可分，未来城市建设需要大量的郊区化区域。郊区化需要通过大量的汽车来支撑，这绝对不是绿色生活的样板。人口密集的城市需要一种“涉及更少驾车出行、需要制冷和取暖的面积更小的房屋的生活方式”。通过更加舒适的高层住宅与便捷有效的公共交通使未来的城市人口高密度聚集，作者认为这样的方式会使世界变得更加安全。

13.6 著作影响

爱德华先生以生动的例子和翔实的数据纵览城市历史，辨明其发展利害，探究城市兴衰的内在原因，向读者阐释了为什么城市是人类最伟大的发明和最美好的希望，是最健康、最绿色、最富裕、最宜居的地方，城市发展对于人类的进化究竟有什么独一无二的意义[6]。

城市是人类最伟大的发明，它让我们变得更加富有、智慧、绿色、健康和幸福。无论你是想要创造财富，还是因为热爱自然，或是希望获得健康幸福的生活，都应该搬到城市来。《城市的胜利》从中世纪前、中世纪、近代、当代各选取了一座城市，向我们说明了知识传播对于城市的重要性。之后在介绍了城市的崛起后，爱德华先生转向了它的对立面，开始述说城市的衰落。爱德华先生对于贫民窟的态度是有所肯定的，这不得不说有些奇怪，不过在仔细阅读他的著作之后，我也同意了他的观点。他列举了孟买的贫民窟，里约热内卢的贫民窟，并指出，如果这些人不是住在贫民窟，他们有可能住在比贫民窟更差的环境里，城市总的来说在公共设施方面仍然是优于农村的，并且，在城市里的机会总比在偏僻的乡村要多，在那里至少他们还有成功的机会，而在乡村则根本不可能。

最后，爱德华先生用了不少篇幅展现他认为的理想城市，他指出了摩天大楼的好处，分析了平面扩展的原因，为的是支持新建高楼，减少平面扩展，而这与简・雅各布斯的观点相左。虽然简・雅各布斯没有表达出与平面扩展相关的方案，但从她对老建筑的情有独钟是可以进行合理推断的。两者的观点似乎有些针锋相对，这反映了两者视角的不同。简・雅各布斯通过观察的方法写作，她观察更多的是城市内部的运作机制，这导致她在一定程度上忽略了城市整体的视角。但是在爱德华先生的书中，读者在领略城市辉煌成就的同时，也可以了解若干城市未来的发展方向，对于城市的包容态度和发展看法值得我们进一步深思。

13.7 难点释义

著作的写作过程并没有很翔实的数据分析和复杂的模型构建支撑，作者本身试图通过简单易懂的文字构建对于城市建设本身的认知，通过一座城市在其发展轨迹过程中的若干故事，从经济、社会、环境三个方面解析了城市的演进历程。

13.7.1 经济领域——高密度带来高效率

作者在经济领域注意到，美国郊区化和市中心地区的衰落情况已经发生了逆转：从曼哈顿 41 大街到 59 大街之间的 1 英里（1.6 千米）区域中，分布着多达 60 万个就业岗位，每个岗位的年平均工资超过了 10 万美元。这样的经济规模甚至超过了美国某些州的总额。随着后工业社会的来临，更多的公司选择承受大城市更高的人力成本和土地成本。

那么大城市如何提高工作效率成为我们需要深思的话题，除了我们非常熟悉的规模效益、专业分工和集聚效益以外，《城市的胜利》这部著作进一步强调了面对面交往对于人力资本提升和创新产业的重要性。并且提出，面对面的交流可以带来更多的信任、慷慨和合作需要。因此，在社会网络集中、人们面对面交往机会多的城市地区，生产效率远远大于其他外围地区。也就是说，高密度带来的高效率是因为城市提供了高密度的知识传播途径和社会网络。

在今天 5G 技术突飞猛进的时代，信息技术使人与人之间的交往变得更方便，进一步扩展了人们的社交圈，催生了更多面对面交往的需求。所以说，后工业化时代城市的集聚效应和工业化时代其实有着很多不同，我们甚至可以认为，衡量后工业化城市的效率，就是衡量人们有效交往的效率，就是衡量社会网络的强度。所有的空间建设行为，都应该是促进交往和促进社会网络的形成，而不是背道而驰。

“人们往往把一座城市与它的结构混为一谈，城市实际上是一个彼此相关的人类群体。”（摘录自《城市的胜利》，爱德华・格莱泽著，刘润泉译，2012 年）

比如，在没有发展潜力的地区大搞城市建设或者新区建设。再比如，进行过于清晰的功能分区。这些不能促进交往体系形成的空间规划，事实上在后工业化社会，都可能会妨碍城市经济和社会的发展。这一结论，对于未来我国存量发展阶段城市模式的选择，也具有很强的启发作用。

13.7.2 社会领域——城市创造公平的发展机会

说到城市在促进社会公平方面的作用，著作旗帜鲜明地指出："贫民窟是城市胜利的一种标志"[7]。城市里常常充满了贫困人口，但并非城市让人们变得更加贫困，而是城市利用好的生活前景吸引了贫困人口。如果城市能够帮助这些贫困人口过上比以前更好的日子，就比让他们在原有的农业孤岛上毫无希望地死去要强。这也恰恰证明了城市为人们提供了更多的经济机遇、公共服务和生活乐趣。

书中提出，某座城市通过完善公立学校或公共交通改善了贫困人口的生活状况，那它就会吸引更多的贫困人口。最近 30 年美国各座城市新建的快速公交站点就是这一类项目，虽然这些站点周边的贫困人口都增加了，但这当然不意味着公共交通使人们更贫困，反而是公共交通吸引和运送了更多的穷人，给他们提供了更多的出行便利和就业机会。这当然也可以算作城市胜利的一个方面。

13.7.3 环境领域——集约的城市空间更加节能环保

从环保与可持续发展的角度出发，作者要求大家停止对田园生活的浪漫幻想，回归理性的环保主义观念。作者提到，梭罗著名的《瓦尔登湖》是对大众向往郊野生活的误导。事实上，梭罗本人贴近自然的活动本身（在河边生火煮汤）就曾经导致一场森林火灾，烧毁了超过 300 英亩（121 公顷）的森林。而生活在美国郊区的人们对于环境的破坏主要体现在私家车和独栋住宅的能耗上。美国大约 20% 的碳排放与居民的能耗有关，还有 20% 和驾车有关。

在减少能耗方面，大城市有更大的优势：大城市公共服务设施的密度和质量，有效缩减了城市居民的出行距离，住在大城市的人们不用开几百英里车去购物、就餐和接送孩子。平均看来，人口每增加一倍，开车上班的人口所占的比例就会下降 6.6%，每个家庭因为驾车出行产生的二氧化碳每年就会减少 1 吨左右。

除了以上这条倡导高密度城市主义的主线之外，这部著作里也有很多有趣的论点，当然有的论点也特别有争议。比如，作者对于民主与集权的认识非常独特，在推崇民主的同时又指出城市的建设需要适当"集权"，还认为如果要实现高密度开发，就不能过度保护私有产权。同时，作者还认为像巴黎那样对旧城过于严格的保护，是把城市包裹成琥珀，其结果会造成城市的生活成本过于昂贵而失去创意阶层发展的土壤。

13.8 时代局限

爱德华先生的《城市的胜利》，你会为他生动明快的语言所吸引，与简・雅各布斯的《美国大城市的死与生》不同，爱德华先生的书中有大量的历史故事，搭配上爱德华先生幽默风趣的语言，读起来妙趣横生。爱德华先生的叙述贯穿古今，纵横全球，既有准确的数字，又有丰富的叙事，既有对不同城市总体的概述、比较，又有对单个人物故事的描写。

从保护环境的角度来说，爱德华先生支持的高楼大厦也更能得到我们的认同。美丽的自然风光固然令人向往，但是仅仅是为了享受自然的风光而选择将自己的住房搬到郊区反而会对自然风光造成破坏，因为人会把他的一系列需求也一并带过去，光是驾驶汽车从郊区到市区来回就要留下不少碳足迹，所以，出于对大自然的保护，爱德华先生呼吁我们居住在城市里。

爱德华先生这本《城市的胜利》展示的是城市美好的一面，他讲解城市里边出现的种种现象，为的是让城市发展得更好，他倡导的是一种基于城市的生活理念，同样也是对以梭罗为首的环保主义者的一种回应[8]。梭罗忽视了城市中美好的地方，并把它视作罪恶的渊薮。从书中能领会到的是，城市生活也许并不是最好的生活方式，但却是最有希望的生活方式，这种希望来自城市本身的自我发展，相信城市能够解决出现的问题。

本章参考文献

[1] 格莱泽．城市的胜利[M]. 刘润泉，译．上海：上海社会科学院出版社，2012.

[2] 王昊．《城市的胜利》解读[J]. 城市交通，2018，16(5):109-110.

[3] 刘林．城市的胜利：真的是为城市正名吗？——《城市的胜利》书评[J]. 城市管理与科技，2016，18(5):87-88.

[4] 姚伟，李海波，王蓓蓓．城市的胜利：纽约和波士顿[J]. 环球市场信息导报，2015(28):26-31，96.

[5] 王向．城市能让生活更美好吗？——城市研究的集大成之作《城市的胜利》[J]. 城市，2013(10):27-28.

[6] 安树伟．城市的胜利——为城市正名[J]. 中国信息界，2013(9):94-96.

[7] 樊可欣．现代社会下的集体反思——读《城市的胜利》有感[J]. 中华建设，2013(6):50.

[8] 王明明．《城市的胜利》——认识城市的一个新视角[J]. 中国信息界，2013(4):94-96.

全书参考文献

著作

[1] BACHIN F R. Building the south side: urban space and civic culture in Chicago, 1890—1919[M]. Chicago : University of Chicago Press, 2020.

[2] 霍华德 . 明日的田园城市 [M]. 金经元，译 . 北京 : 商务印书馆，2010.

[3] 美国普林斯顿语言研究中心，比尔 . 如何阅读: 一个已被证实的低投入高回报的学习方法 [M]. 刘白玉，韩小宁，孙明玉，译 . 北京: 中国青年出版社，2017.

[4] 格莱泽 . 城市的胜利 [M]. 刘润泉，译 . 上海 : 上海社会科学院出版社，2012.

[5] 伯纳姆，本内特 . 芝加哥规划 [M]. 王红扬，译 . 南京 : 译林出版社，2017.

[6] 费孝通 . 费孝通文集: 第一卷 [M]. 北京 : 群言出版社，1999.

[7] 费孝通 . 江村经济 [M]. 戴可景，译 . 上海 : 生活 • 读书 • 新知三联书店，2017.

[8] 雅各布斯 . 美国大城市的死与生 [M]. 金衡山，译. 北京: 译林出版社，2006.

[9] 芒福德 . 城市发展史——起源、演变和前景 [M]. 宋俊岭，倪文彦，译 . 北京 : 中国建筑工业出版社，2005.

[10] 芦原义信 . 街道的美学 [M]. 尹培桐，译 . 南京 : 江苏凤凰文艺出版社，2017.

[11] 麦克哈格 . 设计结合自然 [M]. 芮经纬，译 . 北京: 中国建筑工业出版社，1992.

[12] 王军 . 城记 [M]. 上海: 生活 • 读书 • 新知三联书店，2003.

[13] 吴志强，李德华 . 城市规划原理 [M].4 版 . 北京: 中国建筑工业出版社，2010.

[14] 林奇 . 城市意象 [M]. 方益平，何晓军，译 . 北京: 华夏出版社，2001.

期刊

[1] LITTON R B J, KIEIGER M. A rewiew on design with nature[J].Journal of the American Institute of Planners.1971，37（1）:50-52.

[2] CHENG M S, ChAMBLISS J C. The 1909 plan of Chicago as representative anecdote: constituting new citizens for the commercial American city[J]. Rhetoric Review, 2016, 35(2):91-107.

[3] 曹成刚 . 泛读与精读之比较研究——内隐记忆的作用 [J]. 心理科学，1997(6):541-545.

[4] 龙红艳 . 浅谈精读与泛读各自的用处 [J]. 读写算，2019(12):157.

[5] 魏如飞 . 从深阅读到浅阅读——大数据时代数字化阅读的解读 [J]. 心事，2014（5）: 61.

[6] 吴乐丹 . 英语阅读中扫读的运用策略探究 [J]. 成才之路，2020(24):90-91.

[7] 李永芳 . 快速阅读障碍与技巧 [J]. 安徽大学学报（哲学社会科学版），1994(3):85-89.

[8] 田秀峰 . 批判式阅读教学的必要性及其障碍分析 [J]. 教学与管理（理论版），2013(12):114-116.

[9] 范莉 . 外语阅读的新思维——批判式阅读模式 [J]. 英语研究，2008，6(4):81-84.

[10] 张乐，魏巍 . 凯文 • 林奇生平及其思想 [J]. 山西建筑，2008(12):65-66.

[11] 巩帆 . 阆中古城景观意象研究 [D]. 重庆: 重庆大学，2016.

[12] 何俊花，曹伟．可意象的城市——解读《城市意象》[J]. 中外建筑，2009(7):48-50.
[13] 史明，周洁丽．城市街道空间“可意象性”认知介质单元的研究 [J]. 创意与设计，2013(4):51-55.
[14] 汪原．凯文·林奇《城市意象》之批判 [J]. 新建筑，2003(3):70-73.
[15] 方可．简·雅各布斯关于城市多样性的思想及其对旧城改造的启示——简·雅各布斯《美国大城市的生与死》读后 [J]. 国际城市规划，2009，24(s1): 177-179.
[16] 雷启立．异化的城市规划与小世界范式——读《美国大城市的死与生》[J]. 中国图书评论，2006(7): 23-28.
[17] 毛其智．城市规划的公众原则和社会作用——重读《美国大城市的死与生》的几点思考 [J]. 北京规划建设，2006(2): 48-49.
[18] 邵萧伊．在《美国大城市的生与死》中分析我国城市规划元素的特性 [J]. 建筑与文化，2017 (10): 177-178.
[19] 宋云峰．《美国大城市的死与生》及其对我国旧城区复兴的启示 [J]. 规划师，2007 (4): 94-97.
[20] 江勇，钟慧敏．城市建设的人性化探究与反思——读《美国大城市的生与死》[J]. 现代装饰（理论），2014(3): 199-200.
[21] 王琬雅．“千城一面”与城市多样性——读《美国大城市的死与生》所思 [J]. 建筑与文化，2015 (4): 182-183.
[22] 方可，章岩．《美国大城市生与死》之魅力缘何经久不衰？——从一个侧面看美国战后城市更新的发展与演变 [J]. 国外城市规划，1999 (4): 26-29.
[23] 于洋．亦敌亦友：雅各布斯与芒福德之间的私人交往与思想交锋 [J]. 国际城市规划，2016，31(6): 52-61.
[24] 罗雅，肖芬．经典著作再理解——从《美国大城市的死与生》看红谷滩的建设发展 [J]. 华中建筑，2007(10): 98-101.
[25] 吴麟．成就研究型记者——以王军和《城记》为例 [J]. 新闻爱好者，2005(8):9-12.
[26] 高中岗，卢青华．霍华德田园城市理论的思想价值及其现实启示——重读《明日的田园城市》有感 [J]. 规划师，2013，29(11):105-108.
[27] 金经元．我们如何理解“田园城市”[J]. 北京城市学院学报，2007(4):1-12.
[28] 常钟隽．芦原义信的外部空间理论 [J]. 世界建筑，1995(3):72-75.
[29] 谷溢，陈天．芦原义信与黑川纪章的城市空间理论 [J]. 河南科技大学学报（社会科学版），2006(6):71-73.
[30] 龙先琼．乡土认识的三重飞跃——人类学本土化视野下《江村经济》的意义及局限 [J]. 中南民族大学学报（人文社会科学版），2006(2):27-30.
[31] 樊冬乐．重读《江村经济》及其研究方法 [J]. 今古文创，2020(19):93-94.
[32] 刘豪兴．“江村调查”的历程、传承及“江村学”的创建 [J]. 西北师大学报（社会科学版），2017，54(1):5-20.
[33] 伯纳姆，本内特，王红扬．芝加哥规划 [J]. 当代外国文学，2017，38(2):135.
[34] 吴之凌，吕维娟．解读 1909 年《芝加哥规划》[J]. 国际城市规划，2008(5):107-114.
[35] 王昊．《城市的胜利》解读 [J]. 城市交通，2018，16(5):109-110.
[36] 刘林．城市的胜利：真的是为城市正名吗？——《城市的胜利》书评 [J]. 城市管理与科技，2016，18(5):87-88.

[37] 姚伟，李海波，王蓓蓓 . 城市的胜利 : 纽约和波士顿 [J]. 环球市场信息导报，2015(28):26-31，96.

[38] 王向 . 城市能让生活更美好吗 ?——城市研究的集大成之作《城市的胜利》[J]. 城市，2013(10):27-28.

[39] 安树伟 . 城市的胜利——为城市正名 [J]. 中国信息界，2013(9):94-96.

[40] 樊可欣 . 现代社会下的集体反思——读《城市的胜利》有感 [J]. 中华建设，2013(6):50.

[41] 王明明 .《城市的胜利》——认识城市的一个新视角 [J]. 中国信息界，2013(4):94-96.

其他

[1] 黎娜 . 作者及写作背景知识的简介与高中语文阅读教学 [D]. 武汉：华中师范大学，2017.

[2] 曹冬梅 . 略读—扫读阅读策略教学对于提高高中学生英语阅读成绩的实验研究 [D]. 苏州 : 苏州大学，2015.

[3] 董禹 . 凯文 • 林奇人文主义城市设计思想研究 [D]. 哈尔滨 : 哈尔滨工业大学，2008.

[4] 王逸凡 . 走向“共识”的区域协调策略 : 芝加哥区域规划经验 [C]// 中国城市规划学会 . 城乡治理与规划改革——2014 中国城市规划年会论文集（13 区域规划与城市经济）. 北京 : 中国建筑工业出版社，2014.